숫자로 끝내는

물리
100

숫자로 끝내는

물리 100

© 콜린 스튜어트, 2016

초판 1쇄 인쇄일 2021년 1월 11일
초판 1쇄 발행일 2021년 1월 20일

지은이 콜린 스튜어트 **옮긴이** 곽영직
펴낸이 김지영 **펴낸곳** 지브레인^{Gbrain}
편집 김현주, 백상열
제작·관리 김동영 **마케팅** 조명구

출판등록 2001년 7월 3일 제2005-000022호
주소 04021 서울시 마포구 월드컵로7길 88 2층
전화 (02)2648-7224 **팩스** (02)2654-7696

ISBN 978-89-5979-614-4(04420)
      978-89-5979-616-8(SET)

• 책값은 뒤표지에 있습니다.
• 잘못된 책은 교환해 드립니다.

숫자로 끝내는

물리

콜린 스튜어트 지음 곽영직 옮김

100

지브레인

CONTENTS

		페이지
머리말		8
5.39×10^{-44}	플랑크 시간(s)	10
1.62×10^{-35}	플랑크 길이(m)	11
6.63×10^{-34}	플랑크상수(Js)	12
3×10^{-34} (대푯값)	날아가는 테니스공의 파장(m)	14
9.11×10^{-31}	전자의 질량(kg)	16
1.6726×10^{-27}	양성자의 질량(kg)	17
1.6749×10^{-27}	중성자의 질량(kg)	18
8.51×10^{-27}	우주의 밀도(kg/m)	19
3×10^{-25}	W와 Z 보존의 평균수명(s)	20
1.38×10^{-23}	볼츠만상수(J/K)	21
1.60×10^{-19}	기본 전하(C)	22
1×10^{-18}	실험실에서 도달할 수 있는 초고진공의 밀도(kg/m)	23
8×10^{-15}	원자핵의 평균 크기(m)	24
8.85×10^{-12}	자유공간의 유전율(C^2/Nm^2)	26
5.29×10^{-11}	보어 반지름(m)	27
6.67×10^{-11}	중력 상수(Nm^2/kg^2)	28
1×10^{-10}	기록된 가장 낮은 온도(K)	30
1×10^{-8}	CERN에서 만든 반물질의 양(g)	32
5.67×10^{-8}	슈테판–볼츠만상수($Js^{-1}\,m^{-2}\,K^{-4}$)	36
4×10^{-7}	파란빛의 파장(m)	37
7×10^{-7}	붉은빛의 파장(m)	38
1.26×10^{-6}	자유공간의 투자율(N/A^2)	39
6.5×10^{-5}	지구자기장의 세기(T)	40
1.7×10^{-3}	지구 자전이 느려지는 비율(초/세기)	42

		페이지
−273.15	절대영도(℃)	44
−1/3	다운, 스트렌지, 바텀 쿼크의 전하량(e, 기본 전하)	46
0	포톤(광자)의 정지질량(kg)	47
0.007	수소 핵융합의 효율	48
1/137(0.0073)	미세구조상수	50
0.01	물의 삼중점(℃)	51
0.02	세르게이 클리칼레프가 경험한 시간 지연(s)	52
2/3	업, 참, 톱 쿼크의 전하(e-기본 전하)	54
1	그래핀의 두께(원자)	55
1.4	찬드라세카르의 한계(태양 질량)	56
2.7	우주 마이크로파 배경복사의 온도(K)	58
2.71…	오일러의 수	62
3	중성미자의 가짓수	63
3	뉴턴역학의 운동 법칙의 개수	64
3.14…	원주율(π)	65
4	자연에 존재하는 기본적인 힘	66
4	시공간의 차원	68
4.186	열의 일당량	70
4.23	가장 가까운 별까지의 거리(광년)	71
6	고대인들에게 알려졌던 행성의 수	72
8.314	이상기체 상수(J/mK)	73
9.81	중력가속도(m/s²)	74
11	M이론에서 제안한 차원의 수	76
11.2	지구의 탈출속도(km/s)	78
22	사람 눈의 초점거리(mm)	80
24	표준 모델에 포함된 기본 입자의 수	82

CONTENTS

		페이지
26.8	우주에 포함된 암흑물질의 비율(%)	84
27	대형 하드론 충돌가속기(LHC)(km)	88
39	상대론적 효과로 인한 GPS 위성의 시간 지연(ms)	90
43	뉴턴역학으로 설명할 수 없었던 수성의 근일점 이동(아크초/100년)	92
45	도달거리를 최대로 하는 발사 각도(도)	94
67.8	허블 상수(km/s/Mpc)	96
98	자연에 존재하는 원소의 수	98
99.9999999999999	수소 원자에서 빈 공간의 비율(%)	99
99.99999999874	입자가속기에서 달성한 최고 속도(빛 속도의 %)	100
100	물의 끓는점(℃)	101
101.325	표준대기압(kPa)	102
200	스카이다이버의 종단속도(km/h)	104
238	우라늄의 원자량	105
331	공기 속에서의 소리 속도(m/s)	106
1,000	물의 밀도(kg/m³)	107
1,361	태양상수(W/m³)	108
1543	코페르니쿠스가 《천체 회전에 관하여》를 출판한 해	110
1687	뉴턴이 《프린키피아》를 출판한 해	112
1,836.2	양성자와 전자의 질량비	113
1905	아인슈타인의 기적의 해	114
5,778	태양 표면 온도(K)	116
6,371	지구 반지름(km)	118
29,800	지구의 공전 속도(m/s)	119
4,300,000	지구에서 하루 동안 치는 벼락의 수	120
$1.1×10^7$	뤼드베리상수(m^{-1})	121
15,000,000	태양 핵의 온도(K)	122

		페이지
16,000,000	핵융합 발전 최고 기록(W)	124
299,792,458	진공 속에서의 빛의 속도(m/s)	126
1,000,000,000	백색왜성의 밀도(kg/m³)	130
9,192,631,770	1초를 정의하는 데 사용되는 세슘 원자의 진동수	131
13,798,000,000	우주의 나이(년)	132
93,000,000,000	관측 가능한 우주의 지름(광년)	134
100,000,000,000	초신성의 온도(K)	136
125,000,000,000	힉스 보존 질량의 근삿값(eV/c^2)	138
150,000,000,000	태양에서 지구까지의 거리(m)	140
9×10^{13}	질량 1g의 에너지(J)	144
9.46×10^{15}	빛이 1년 동안 달리는 거리(m)	145
3.7×10^{17}	중성자성의 밀도(kg/m³)	146
6.02×10^{23}	아보가드로수(mol^{-1})	149
2.2×10^{24}	텔루륨-128의 반감기(년)	150
5.97×10^{24}	지구의 질량(kg)	152
3.86×10^{26}	태양이 1초 동안 방출하는 에너지(J)	156
1.29×10^{34}	양성자 반감기의 최솟값(년)	157
$\sim 10^{40}$	양성자와 전자 사이에 작용하는 중력과 전자기력의 비	158
$\sim 8 \times 10^{36}$	우리 은하 중심에 있는 블랙홀의 질량(kg)	160
2×10^{67}	태양 크기의 블랙홀이 붕괴하는 데 걸리는 시간(년)	162
1×10^{80}	관측 가능한 우주에 포함된 원자의 수	164
5.2×10^{96}	플랑크 밀도(kg/m³)	165
1×10^{120}	암흑에너지에서 진공 재앙의 크기	166
1×10^{500}	끈 이론에서 가능한 배열 방법의 수	169
참고 도서 및 웹사이트		170
찾아보기		172
이미지 저작권		176

머리말

수에 대하여…

물리학은 우주에 관한 가장 큰 질문들을 다룬다. 그 질문 중에는 원자 내부에 대한 것도 있고, 거대한 은하단의 운동과 관련된 것도 있다. 이는 물리학에서 다루는 수들이 아주 작은 것에서 상상도 할 수 없을 정도로 큰 수에 이르기까지 다양하다는 것을 의미한다.

물리학자들은(그리고 다른 과학자들과 수학자들은) 다루기 어려운 아주 큰 수들을 다루는 방법을 알고 있다.

0.00000000000000000000737을 예로 들어보자. 이 수를 7.37×10^{-20}이라고 나타내면 훨씬 간단하다. 이런 표기 방법은 이 책에서 자주 사용할 것이다.

단위에 대하여…

물리학에서 공식적으로 사용하는 단위는 국제 단위 체계로 SI 체계 Le Systeme International d'Unites라고도 부른다. SI 단위 체계에는 일곱 개의 기본단위와 기본단위로부터 유도된 단위들이 있다. 일곱 가지 기본단위는 미터(m), 킬로그램(kg), 초(s), 암페어(A), 켈빈(K), 몰(mole), 칸델라(cd)다. 이 단위들은 여러 가지 방법으로 조합하여 사용된다. 때로는 SI 기본단위를 이용하여 나타내지 않을 때도 있다. 예를 들어 자유공간의 유전율(26쪽 참조)은 많은 경우 C^2/Nm^2

으로 나타낸다. 쿨롱(C)이나 뉴턴(N)은 기본단위가 아니다. 만약 유전율을 기본단위로 나타내면 $A^2 s^4 / kg m^3$이 되는데 이것은 훨씬 이해하기 어렵다.

크기를 나타내는 단위계 접두어에 대하여…

단위에는 크기를 나타내는 단위계 접두어를 붙여 사용한다. 일상생활에서 자주 사용하는 밀리미터(1000분의 1m)나 킬로미터(1000m)가 그런 것이다. 다음은 자주 사용하는 단위계 접두어 목록이다.

단위			
기가	giga	G	10^9
메가	mega	M	10^6
킬로	kilo	k	10^3
센티	centi	c	10^{-2}
밀리	milli	m	10^{-3}
마이크로	micro	μ	10^{-6}
나노	nano	n	10^{-9}

5.39×10^{-44}

플랑크 시간(s)

현대에서 시간을 정확히 측정하는 것은 매우 중요하다. 자동차 경주를 하는 사람들이나 달리기 선수들은 100분의 1초 차이로 승부가 결정된다. 2010년에 미국의 한 회사는 뉴욕과 시카고 사이에 경제 정보를 교환하는 데 걸리는 시간을 100만분의 3초 절약하기 위해 수백만 달러를 들여 두 도시 사이에 광섬유를 설치했다. 우리가 자주 이용하는 GPS에서는 수백만분의 1초 차이가 커다란 오차를 불러올 수 있다.

그러나 시간을 한없이 작게 나눌 수는 없다. 물리적으로 의미 있는 가장 짧은 시간 간격을 플랑크 시간이라고 한다. 플랑크 시간은 1899년에 독일 물리학자 막스 플랑크$^{\text{Max Planck}}$가 제안한 물리 단위 체계의 일부다. 플랑크는 사람의 경험이 아니라 순수한 자연의 기본 상수를 기반으로 일련의 자연 단위들을 정의했다. 전통적으로 사용해온 일, 달, 년과 같은 시간의 단위들은 지구, 달 그리고 태양의 운동을 기반으로 한 것이다.

플랑크 시간은 우주 역사에서 오늘날 우리 우주에 적용되는 물리법칙이 의미를 가지는 가장 이른 시점을 나타낸다. 플랑크 시간보다 이른 시기에 일어난 일에 대해서는 알 수 있는 방법이 없다. 플랑크 시간 이전에는 공간기하학을 지배하는 법칙인 아인슈타인의 일반상대성이론도 더 이상 유효하지 않다. 따라서 현재 우리는 우주의 역사를 시간이 0인 시점에서부터 기술할 수 없다. 다만 플랑크 시간인 초 5.39×10^{-44}부터 우주의 역사를 기록할 수 있을 뿐이다.

1.62×10^{-35}

플랑크 길이(m)

플랑크 시간과 마찬가지로 플랑크 길이는 현재 우리가 알고 있는 물리법칙이 성립하는 가장 짧은 길이이다. 이보다 더 짧은 길이에서는 공간이 물리학자들이 '양자 거품'이라 부르는 흐릿한 안개 속으로 사라진다. 이 길이는 빛이 양자 시간 동안 진행하는 길이이기도 하다.

플랑크 체계의 모든 다른 단위와 마찬가지로 자연의 기본 상수만 이용하여 계산되는 플랑크 길이는 아이작 뉴턴Isaac Newton의 중력 상수 G(28쪽 참조)와 플랑크상수(12쪽 참조) 그리고 빛의 속도(126쪽 참조)를 이용하여 계산한다.

▲ 플랑크 길이처럼 더 이상 나눌 수 없는 길이를 도입하면 경기를 영원히 끝낼 수 없다는 달리기 경주에 관한 제논의 역설을 해결할 수 있다.

영원히 끝나지 않는 경주

'제논의 역설'로 알려진 경주에 대해 생각해보자. 올림픽에서 100m 달리기 결승 경기를 위해 선수들이 출발점에 섰다. 경주를 끝내기 위해서는 선수들이 우선 트랙 길이의 반인 50m를 뛰어야 한다. 50m 지점에 도달한 선수들은 다시 50m를 더 달려야 한다. 따라서 남은 50m의 반인 25m를 달려서 75m 지점에 도달한 선수들은 계속해서 남은 25m 거리의 반을 또 뛰어야 한다. 이렇게 공간을 계속 나누어가면 달려야 할 거리가 계속 남아 있기 때문에 선수들은 영원히 경기를 끝낼 수 없다. 그러나 더 이상 작은 거리로 나눌 수 없는 최소 길이가 있다면 이런 문제가 생기지 않는다.

6.63×10^{-34}

플랑크상수(Js)

20세기 초에 물리학자들은 고전물리학 이론으로는 원자의 구조를 설명할 수 없다는 것을 알았다. 따라서 원자의 구조를 설명할 수 있는 새로운 물리학 이론을 만들어내야 하는 어려운 과제를 떠안게 되었다. 고전물리학 이론에 의하면, 전자들이 원자핵 주위를 도는 동안에는 계속적으로 전자기파를 방출해야 했다. 전자기파를 방출한 전자는 에너지를 잃어 나선운동을 하면서 원자의 중심으로 빨려 들어가야 한다.

빛 입자

1900년에 막스 플랑크가 빛이 불연속적인 에너지 덩어리로 방출된다고 제안하면서 이 문제의 해결책이 나타나기 시작했다. 이것은 원하는 임의의 크기를 가진 구두가 아니라 미리 정해진 크기의 구두만 살 수 있는 것과 비슷하다. 가장 작은 크기의 물리량을 '양자'라고 부른다. 양자물리학이라는 이름은 물리량의 최소 단위를 나타내는 양자에서 유래한 것이다. 그러나 플랑크는 이러한 생각을 실험 결과를 이론적으로 설명하기 위한 억지스러운 시도로 보아 그리 좋아하지 않았다. 그는 친구에게 보낸 편지에서 이것을 '절망 속에서 나온 행동'이었다고 했다.

5년 뒤인 1905년에 알베르트 아인슈타인이 에너지가 최소 단위의 정수배로만 존재하고 주고받을 수 있다는 생각을 이용하여 오랫동안 설명하지 못하고 있던 광전효과를 성공

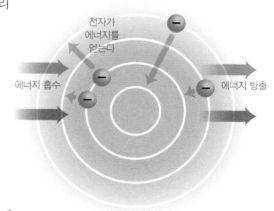

▼ 광자를 흡수하면 전자는 낮은 에너지준위에서 높은 에너지준위로 올라갈 수 있다. 높은 에너지준위에서 낮은 에너지준위로 떨어지는 전자는 광자를 방출한다.

전자가 에너지를 얻는다

에너지 흡수

에너지 방출

막스 플랑크 _{Max Planck, 1858~1947}

독일의 킬에서 태어난 막스 플랑크는 피아노와 오르간 그리고 첼로 연주에도 뛰어난 재능을 보였지만 물리학을 공부하기로 마음먹었다. 플랑크가 대학에 진학하기 전에 상담했던 뮌헨 대학의 필리프 폰 욜리 Philipp von Jolly 교수는 플랑크에게 물리학 분야는 이미 거의 모든 것이 발견되었기 때문에 남아 있는 것은 작은 틈을 메우는 일뿐이라고 하면서 물리학이 아닌 다른 분야를 전공하라고 권유했다고 한다. 저명한 물리학자였던 켈빈도 비슷한 견해를 피력했다. 하지만 플랑크의 연구는 그러한 생각을 바꾸어놓았고, 우리의 직관과 전혀 다른 새로운 분야인 양자물리학 시대의 서막을 열게 되었다. 이후 100년 동안 양자 법칙들은 가장 엄격한 시험을 거쳐 과학의 역사에서 가장 정밀한 시험을 통과한 이론이 되었다. 트랜지스터나 레이저 그리고 원자시계와 같은 현대 기술 시대를 대표하는 발명품들의 등장은 양자 세상에 대한 이해를 통해 가능했다.

적으로 설명하면서 물리량이 양자화되어 있다는 것을 받아들이지 않을 수 없게 했다. 1921년에 아인슈타인이 노벨 물리학상을 받은 것은 상대성이론이 아니라 광전효과에 대한 연구 업적으로 인한 것이었다.

아인슈타인은 빛이 진동수에 결정되는 에너지 덩어리의 정수배 에너지만 가질 수 있다고 제안했다. 따라서 에너지 덩어리 사이의 크기 차이는 항상 일정하다. 이 에너지 덩어리들 사이의 크기 차이가 바로 플랑크상수다. 아인슈타인은 빛 입자를 나타내는 포톤 _{photon}이라는 새로운 용어를 물리학에 도입했다.

1913년 덴마크의 물리학자 닐스 보어 _{Niels Bohr}는 양자 개념을 원자에 적용하여 전자가 특정한 준위, 즉 허용된 궤도 위에서만 원자핵을 돌 수 있다고 제안했다. 전자들은 적당한 에너지를 흡수하거나 방출하고 이 '에너지준위' 사이를 건너뛸 수 있다고 가정했다. 그러나 전자가 가장 낮은 에너지준위인 바닥상태에 도달하면 더 이상 원자핵에 다가갈 수 없다. 각 에너지준위의 에너지 크기는 플랑크상수에 의해 결정된다. 이로써 고전물리학으로는 원자의 존재를 설명할 수 없었던 문제가 해결되었다.

3×10^{-34} (대략값)

날아가는 테니스공의 파장(m)

1905년 발표한 아인슈타인의 광전효과를 설명한 논문은 이전에는 순수한 파동이라고 생각해왔던 빛이 '광자'라는 입자의 성질도 가지고 있음을 보여주었다.

물질파

1923년에 프랑스의 젊은 귀족 물리학자 루이 드브로이^{Louis de Broglie, 1892~1987}는 전통적으로 입자로 취급해온 전자와 같은 입자들도 파동의 성질을 가지고 있을지 모른다는 생각을 했다. 또 입자도 파동의 성질을 가지고 있다면 입자 역시 진동수나 파장과 같은 파동의 성질을 가지고 있을 것이라고 생각했다.

박사 학위 논문에서 그는 '물질파'의 파장을 물체의 속도와 질량 그리고 플랑크상수로부터 계산할 수 있다고 제안했다. 하지만 그의 제안이 받아들여지기 위해서는 전자와 같은 입자도 빛과 같이 행동한다는 것을 보여주는 실험 결과가 필요했다.

시험받는 드브로이의 물질파 이론

물질을 이루는 원자들이 결정구조일 때는 전자기파의 일종인 엑스선을 산란시킬 수 있다. 따라서 금속 결정에 엑스선을 쪼이고 부근에 형광 스크린을 놓아두면 결정격자를 이루고 있는 원자에 의해 산란된 엑스선이 밝고 어두운 고리가 반복적으로 나타나는 회절 무늬를 만드는 것을 볼 수 있다. 전자를 이용한 실험에서도 같은 결과를 얻

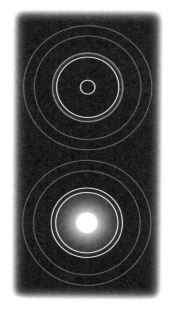

▲ 엑스선이 만든 회절 무늬(위)와 전자가 만든 회절 무늬(아래). 이 실험 결과는 입자도 파동과 같이 행동한다는 것을 보여주고 있다.

1.6726×10^{-27}

양성자의 질량(kg)

(+)전하를 띤 양성자의 수가 주기율표를 만들고 있다. 주기율표에는 원자핵에 들어 있는 양성자 수의 순서대로 원자들이 배열되어 있다. 수소는 하나의 양성자, 러더포듐은 104개의 양성자를 가지고 있다.

그러나 전자와 달리 양성자는 기본 입자가 아니다. 양성자는 쿼크라고 불리는 더 작은 입자들로 이루어져 있다. 양성자는 두 개의 업 쿼크와 한 개의 다운 쿼크로 이루어져 있다. 쿼크에는 업, 다운, 톱, 바텀, 스트렌지, 참이라고 부르는 여섯 종류가 있다(46쪽과 54쪽 참조). 양성자를 구성하는 쿼크들의 전하를 합하면$\left(+\frac{2}{3}+\frac{2}{3}-\frac{1}{3}\right)$ 양성자의 전하량은 전자의 전하량과 같지만 부호는 반대인 전하를 띠게 된다. 그러나 쿼크의 질량은 양성자 질량의 1%밖에 안 된다. 나머지 질량은 가장 널리 알려져 있는 식인 $E = mc^2$에 기반을 두고 있다. 이 식이 의미하는 것은 에너지와 질량이 근본적으로 같다는 것이다. 따라서 양성자 구성에 관여하는 다른 에너지도 질량으로 작용한다.

쿼크의 운동에너지도 질량의 일부를 제공한다. 대부분의 질량은 (+)전하 사이의 전기적 반발력을 이기고 쿼크를 결합시키는 에너지에 기인하고 있다. 강한 전기적 반발력을 이기고 같은 부호의 전하를 가진 쿼크를 결합시키는 것은 '글루온'을 교환하여 상호작용하는 자연에 존재하는 기본적인 힘의 하나인 강한 핵력이다(66쪽 참조). 양성자 질량의 대부분을 차지하는 것은 글루온에 의한 에너지와 글루온이 만드는 글루온 장의 에너지로 인한 것이다.

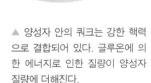

▲ 양성자 안의 쿼크는 강한 핵력으로 결합되어 있다. 글루온에 의한 에너지로 인한 질량이 양성자 질량에 더해진다.

1.6749×10^{-27}

중성자의 질량(kg)

1932년에 발견된 중성자는 원자의 중심에 양성자와 원자핵을 이루고 있다. 한 원소에 속하는 원자들이 모두 같은 수의 양성자를 가지고 있는 것과 달리 중성자의 수는 다르다. 양성자의 수는 같지만 중성자의 수가 다른 원소를 동위원소라고 한다. 예를 들면 92개의 양성자를 가지고 있는 우라늄에는 146개의 중성자를 가지고 있는 우라늄−238과 143개의 중성자를 가지고 있는 우라늄−235 동위원소가 있다.

양성자처럼 중성자도 세 개의 쿼크로 이루어져 있지만 두 개의 업 쿼크와 한 개의 다운 쿼크로 이루어진 양성자와 달리 중성자는 한 개의 업 쿼크와 두 개의 다운 쿼크로 이루어졌다. 따라서 중성자는 전체적으로 전하를 띠고 있지 않다. 중성자라는 이름은 전기적으로 중성이라는 의미를 가지고 있다. 그러나 중성자의 질량은 양성자보다 약 0.1% 더 크다. 질량의 차이가 생기는 이유는 현재 중요한 연구 과제다.

▲ 1932년에 제임스 채드윅(James Chadwick, 1891~1974)은 원자핵을 구성하고 있는 전하를 띠고 있지 않은 중성자를 발견했다.

원자핵 안에 잡혀 있는 중성자는 안정하기 때문에 오랫동안 존재할 수 있다. 그러나 원자핵을 벗어나면 수명이 약 15분밖에 안 된다. 양성자보다 조금 더 큰 질량을 가지고 있기 때문에 중성자는 양성자와 전자 그리고 반중성미자라고 불리는 입자로 붕괴할 수 있다. '자유'중성자의 정확한 수명 측정은 물리학의 여러 분야에서 매우 중요하다. 예를 들어 빅뱅 직후 가장 가벼운 입자들이 형성되는 과정을 이해하는 데도 중성자의 수명이 중요한 역할을 한다.

8.51×10^{-27}

우주의 밀도(kg/m)

우주와 같이 거대하고 복잡한 구조의 밀도는 어떻게 결정할 수 있을까? 천문학자들은 모형을 이용하여 우주의 전체적인 구조를 다룬다. 우주는 질량을 한 곳에 모으려는 중력과 우주를 팽창시키는 바깥쪽으로 향하는 힘 사이의 계속되는 줄다리기를 통해 현재의 우주 구조를 만들어왔다. 이러한 힘들 사이의 줄다리기를 이해하기 위해 우주학자들은 '임계질량'이라고 부르는 기준값을 정의해놓고 있다.

구, 말안장, 평면?

우주의 실제 질량이 임계질량보다 크면 전체 우주의 모습은 구형이어야 하고, 임계질량보다 작으면 말안장 모양을 하게 된다. 그리고 우주의 실제 밀도가 임계밀도에 근접하면 우주는 종잇장처럼 평평하게 된다.

따라서 우주가 현재 어떤 모양인지를 측정하면 우주의 평균 밀도를 추정할 수 있다. 우주의 구조를 측정하는 한 가지 방법은 지구와 먼 우주에 있는 두 물체가 이루는 각도를 측정하는 것이다. 평면에서는 삼각형의 세 각을 합하면 $180°$가 되지만 구면 위에서는 $180°$보다 크고 말안장과 같이 휘어진 면에서는 $180°$보다 작다.

유럽 우주국의 플랑크 탐사 위성의 측정에 의하면, 우주는 거의 평평한 평면이다. 따라서 우주의 밀도는 임계질량에 아주 가까워야 한다. 임계질량은 $1m^3$의 부피 안에 다섯 개의 양성자가 들어 있는 정도의 밀도다.

▼ 천문학자들은 지구와 먼 우주에 있는 두 물체가 이루는 각도를 측정하여 우주가 평평하다는 것을 밝혀냈다.

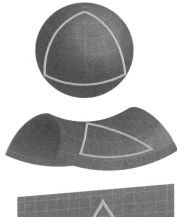

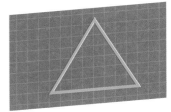

3×10^{-25}

W와 Z 보존의 평균수명(s)

보존은 자연에 존재하는 네 가지 기본적인 힘이 작용하는 데 관여하는 입자다(66쪽 참조). 약한 핵력은 W^-, W^+ 그리고 Z의 세 가지 다른 종류의 보존을 주고받아 작용한다. 이 보존들은 모두 매우 무거워 양성자보다 100배나 더 큰 질량을 가지고 있다. 약한 핵력을 매개하는 이 보존 입자들은 큰 질량을 가지고 있어 약한 핵력의 작용 거리는 10^{-18}m밖에 안 된다. 따라서 약한 핵력은 원자핵 안에서만 작용한다. 큰 질량은 수명에도 영향을 주어 이들 보존의 평균수명은 매우 짧다.

쿼크는 W 보존을 주고받으면 한 가지 종류에서 다른 종류의 쿼크로 전환된다. 가장 자주 일어나는 것이 업 쿼크가 다운 쿼크로, 다운 쿼크가 업 쿼크로 전환되는 것이다. 이러한 전환이 일어나지 않으면 태양 안에서의 핵융합 반응이 일어나지 않아 태양이 밝게 빛날 수 없다. 태양계의 유일한 별인 태양 내부에서는 쿼크 사이의 전환을 통해 핵융합 반응이 진행되어 많은 에너지를 방출하고 있다. 수소 원자핵이 헬륨 원자핵으로 융합하는 태양 내부의 핵반응은 여러 단계의 약한상호작용 결과다. 이 핵융합 반응의 첫 번째 단계에서는 양성자 하나로 이루어진 수소 원자핵이 중성자 하나를 더 가지고 있는 중수소 원자핵으로 바뀐다. 이 과정에 필요한 중성자는 양성자를 구성하고 있던 업 쿼크 하나가 W 보존을 교환하고 다운 쿼크로 전환되면서 만들어진다.

W와 Z 보존이 매개하는 약한 핵력에 대한 아이디어는 1968년 셸던 글래쇼Sheldon Glashow, 스티븐 와인버그Steven Weinberg, 압두스 살람Abdus Salam이 처음 제안해 1979년에 노벨 물리학상을 공동으로 수상했다. 그러나 W와 Z 보존이 확인된 것은 1983년 유럽원자핵연구소(CERN)의 슈퍼 양성자 싱크로트론을 이용한 실험에서였다.

▼ 제네바 부근에 있는 유럽원자핵연구소(CERN)의 슈퍼 프로톤 싱크로트론에서 최초로 W와 Z 보존의 측정에 성공했다.

1.38×10⁻²³

볼츠만상수(J/K)

온도란 무엇일까? 한 물체가 다른 물체보다 더 뜨겁다는 것은 실제로 어떤 것을 의미할까? 이런 의문은 19세기 말 물리학의 중요한 연구 과제였다. 오스트리아의 물리학자 루트비히 볼츠만$^{Ludwig Boltzmann, 1844~1906}$은 특히 이 문제에 관심이 많았다.

볼츠만의 이름을 따서 명명된 볼츠만상수는 아주 작은 세상과 큰 세상을 연결해주는 교량 역할을 한다. 이는 볼츠만상수가 물체(기체를 포함하여)의 온도와 물체를 이루고 있는 개개 입자들의 운동에너지를 연결해주고 있기 때문이다. 볼츠만은 온도가 높은 기체에서는 기체를 이루고 있는 분자들이 더 빠르게 운동하고 있다는 것을 알아냈다. 볼츠만상수는 기체에 열을 가할 때 기체 분자들의 평균속도가 얼마나 빨라지는지를 계산해낼 수 있다.

▲ 오스트리아 물리학자 루트비히 볼츠만의 묘지. 그의 묘비에는 볼츠만상수가 포함된 엔트로피식이 새겨져 있다.

볼츠만상수는 분자들의 확률분포를 나타내는 엔트로피 계산 식에도 들어 있다. 기체의 경우 엔트로피는 전체적인 물리적 성질을 바꾸지 않으면서 분자들을 배열하는 방법의 수와 관련이 있다. 배열하는 방법의 수가 많은 상태, 즉 확률이 높은 상태가 엔트로피가 높은 상태다.

볼츠만은 오늘날 조울증이라 부르는 정신병을 앓다가 1906년 이탈리아 여행 도중 목을 매 자살했다. 빈 중앙 공동묘지에 있는 그의 묘비에는 볼츠만상수가 포함된 엔트로피식이 새겨져 있다.

1.60×10^{-19}

기본 전하(C)

1909년 미국 물리학자 로버트 밀리컨[Robert Millikan, 1868~1953]과 하비 플레처[Harvey Fletcher]는 전자와 양성자가 가지고 있는 기본 전하량의 크기를 실험을 통해 최초로 알아냈다. (양성자는 (+)전하를 가지고 있고 전자는 (−)전하를 가지고 있다). 기본 전하는 'e'라는 기호로 나타내며 단위는 쿨롱(C)이다. 원자보다 작은 입자들은 기본 전하의 정수배 전하나 분수 전하를 가지고 있다. 쿼크는 $\frac{1}{3}e$ 또는 $\frac{2}{3}e$의 전하를 가지고 있다. 중성자가 가지고 있는 전하량은 0이다.

▲ 로버트 밀리컨은 기본 전하량을 측정한 기름방울 실험자로 널리 알려져 있다.

밀리컨과 플레처는 기름방울 실험을 통해 오늘날 우리가 알고 있는 기본 전하량을 1% 오차 내에서 계산해냈다. 그들은 전압이 걸린 두 금속판 사이에 적은 양의 전하가 대전되어 있는 기름방울이 떠 있는 실험 장치를 만든 다음 금속판 사이의 전압을 조절하여 기름방울에 가해지는 전기력과 중력이 평형을 이루도록 했다. 기름방울의 질량을 알고 있던 두 사람은 기름방울이 낙하하지 않도록 하기 위해 필요한 전하량을 계산해낼 수 있었다. 두 사람은 이 실험을 여러 차례 반복해 기름방울이 가지고 있는 전하량을 계산했는데 모두 특정한 양의 정수배였다. 그들은 이 양을 기본 전하량이라고 생각했다.

이 연구로 밀리컨은 1923년 노벨 물리학상을 수상했다. 그러나 많은 노벨상의 경우처럼 이 연구에도 반론이 제기되었다. 또 플레처가 사망한 후 공개된 문서에 의하면, 밀리컨이 플레처의 박사 학위 논문을 통과시켜주는 대신 이 연구에 대한 공헌을 포기하도록 압력을 행사한 것으로 보인다.

1×10^{-18}

실험실에서 도달할 수 있는 초고진공의 밀도(kg/m)

머리 위에 한 변의 길이가 1m인 정육면체 모양의 상자가 있다고 가정해보자. 상자 안의 공기의 무게는 1kg이 넘는다. 그리고 상자 안에는 24×100만×100만×100만×100만 개의 공기 분자가 들어 있다.

이 상자를 들어 올리면 공기가 엷어지면서 상자 안에 들어 있는 공기 분자의 수도 줄어들게 된다. 대기와 우주의 경계라고 할 수 있는 100 km 상공에서는 상자 안에 들어 있는 공기 분자의 수가 지표면에서의 200만분의 1로 줄어든다. 이는 위로 올라갈수록 단위 부피 안에 얼마나 많은 질량이 포함되어 있는지를 나타내는 밀도가 작아진다는 것을 의미한다.

과학자들은 실험실에서 상자 안의 분자 수를 이보다 더 줄일 수 있으며 부피가 1m³인 상자 안 공기 분자 수를 수억 개까지도 줄일 수 있다. 이것이 현재의 기술로 도달할 수 있는 가장 높은 진공상태다.

그러나 상자 안의 공기 분자를 완전히 비우는 것은 불가능하다. 양자 물리학 법칙에 의하면 '빈' 공간 안에서도 입자 쌍은 계속 나타나며 이렇게 생성된 입자들은 즉시 사라지지만 이 입자의 존재를 확인하는 것은 가능하다. 전하를 띠지 않은 두 개의 금속판을 진공 안에 가까이 넣어두면 이 가상적인 입자들로 인해 금속판이 더 가까이 다가간다. 이를 네덜란드의 물리학자 헨드릭 카시미르 Hendrik Casimir의 이름을 따서 카시미르 효과라고 한다. 일부 물리학자들은 이런 현상을 이용하여 우주의 가속 팽창을 설명하려고 시도하고 있다(166쪽 참조).

▼ 거의 완전한 진공 안에서도 두 금속판이 카시미르 효과라고 불리는 가상 입자의 작용으로 서로 잡아당긴다.

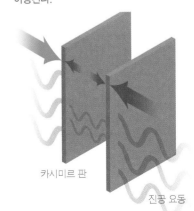

카시미르 판

진공 요동

8×10⁻¹⁵

원자핵의 평균 크기(m)

원자핵의 크기는 원자핵 안에 얼마나 많은 양성자와 중성자를 가지고 있느냐에 따라 달라진다. 가장 작은 원자핵인 양성자 하나로 이루어진 수소 원자핵의 지름은 $1.75×10^{-15}$다. 큰 원자들의 원자핵은 이보다 훨씬 크다. 예를 들어 우라늄−238의 원자핵은 92개의 양성자와 146개의 중성자를 가지고 있고 지름은 $1.5×10^{-14}$m로, 수소 원자핵보다 거의 10배나 더 크다.

원자핵의 존재를 처음으로 밝혀낸 것은 뉴질랜드 출신 물리학자 어니스트 러더퍼드[Ernest Rutherford, 1871~1937]이다. 1911년에 영국 맨체스터 대학에서 행한 실험을 통해서 러더퍼드는 2년 전 그가 설계하고 그의 제자였던 가이거[Geiger]와 마르스덴[Marsden]이 수행했던 실험 결과를 분석하여 원자핵의 존재를 알아냈다.

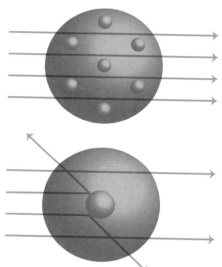

▲ 원자의 (+)전하가 모두 원자 중심에 모여 있다고 하면 러더퍼드가 실험에서 발견할 것과 같이 입사하는 입자가 크게 반발하는 것을 설명할 수 있다.

금박 실험

(−)전하를 띤 전자는 1897년에 발견되었다. 그런데 원자는 전기적으로 중성이다. 따라서 과학자들은 원자 안에는 전자의 (−)전하를 상쇄할 (+)전하를 띤 미발견 물질이 더 있을 것이라고 생각했다.

전자를 발견한 영국의 물리학자 조지프 존 톰슨[Joseph John Thomson]은 (+)전하가 원자 전체에 골고루 퍼져 있고, (−)전하를 띤 전자들이 여기저기 박혀 있는 플럼 푸딩 원자모형을 제안했다. 러더퍼드의 실

어니스트 러더퍼드

1909년 어니스트 러더퍼드의 제자인 가이거와 마르스덴이 원자 핵을 발견한 금박 실험을 할 때 러더퍼드는 이미 노벨상 수상자였다. 방사선에 대한 연구 업적으로 1년 전에 노벨 화학상을 받은 러더퍼드는 "물리학이 아닌 과학은 우표 수집에 불과하다"고 말하며 노벨 화학상 수상을 불만스러워했다고 전해진다.

후에 러더퍼드는 질소 원자에 알파입자를 충돌시켜 최초로 '원자 를 쪼개'는 데 성공했지만 이 발명의 중요성을 충분히 깨닫지 못했 다. 그는 "원자를 쪼갤 때 나오는 에너지는 아주 작아서 이 에너지를 사용하려는 사람은 달빛을 에너지원으로 사용하려는 사람과 같다"고 말했다.

러더퍼드는 1937년에 사망하자 웨스트민스터 사원에 있는 아이작 뉴턴의 무덤 가까이에 묻혔다. 한때 아인 슈타인은 러더퍼드를 '제2의 뉴턴'이라고 불렀다.

험은 톰슨의 원자모형이 사실인지를 확인하기 위한 것이었다.

이 실험에서는 (+)전하를 띤 입자들이 얇은 금박을 향해 발사되었다. 톰슨의 원자모형이 옳다면 입자들은 방해받지 않고 금박을 통과해야 했다. 그러나 실험 결과는 예상했던 것과 달랐다. 놀랍게도 일부 입자들은 아주 큰 각도로 반발했다. 그중에는 금박에 충돌한 후 오던 방향으로 다시 튀어 돌아오는 입자도 있었다.

2년 후에 러더퍼드는 원자 안에 (+)전하를 띤 큰 밀도의 입자가 있으며 이 입자와 충돌하면 큰 각도로 반발하거나 뒤쪽으로 다시 튀어 돌아오게 된다는 것을 알아냈다. 이는 원자핵이 발견되었음을 의미하는 것이었다.

(+)전하를 띤 원자핵은 아주 작아 전체 원자의 일부만 차지하고 있다. 수소 원자의 경우 원자핵 부피는 전체 원자 부피의 약 10만분의 1밖에 안 된다. 만약 원자핵의 지름을 1cm로 확대하면 수소 원자 전체의 지름은 1km가 될 것이다.

8.85×10^{-12}

자유공간의 유전율 (C^2/Nm^2)

유전율은 공기와 같은 매질이 전기장에 주는 영향을 나타내는 값이다. 유전율이 큰 물질은 전기장의 세기를 더 크게 감소시킨다. 종종 ϵ_0로 나타내는 자유공간의 유전율은 진공의 유전율을 말한다.

유전율은 매질을 필요로 하지 않는 전자기파의 성질을 설명할 때도 사용된다. 그리고 두 물체 사이에 작용하는 중력을 계산할 때 사용하는 중력 상수(28쪽 참조)와 마찬가지로 두 전하 사이에 작용하는 전기력을 계산할 때 사용하는 '전기력 상수'로도 사용된다. 뉴턴의 중력 법칙에 해당하는 법칙은 쿨롱의 법칙이다. 전하량을 나타내는 SI 단위는 쿨롱의 이름을 따라 쿨롱(C)이라고 한다.

유전율 ϵ_0는 영국의 물리학자 제임스 클러크 맥스웰James Clerk Maxwell, 1831~1879이 1860년대에 제안한 네 개의 식으로 된 맥스웰 방정식 중 두 개의 식에 포함되어 있다. 맥스웰의 연구는 전기와 자기가 동전의 양면과 같은 관계라는 것을 밝혀냈다. 맥스웰 방정식은 전하와 전류가 전기장과 자기장을 어떻게 만들어내며, 전기장과 자기장 사이에 어떤 관계가 있는지를 설명하는 방정식이다.

유전율은 특정한 매질에서 빛이 전파되는 속도에 영향을 준다. 예를 들면 20℃ 물의 유전율은 진공의 유전율보다 80배 더 크다. 따라서 20℃ 물에서의 빛의 속도는 진공에서의 빛 속도의 약 10%다.

▲ 물리학자 제임스 클러크 맥스웰

▲ 샤를 오귀스탱 드 쿨롱Charles Augustin de Coulomb, 1736~1806)

$5.29×10^{-11}$

보어 반지름(m)

1911년 원자핵을 발견한 어니스트 러더퍼드는 원자가 태양계와 비슷한 구조를 하고 있을 것으로 생각했다. 원자의 중심에 정지해 있는 원자핵은 태양에 해당하고 원자핵 주위를 돌고 있는 전자들은 행성들에 해당된다고 생각했던 것이다.

1913년에 덴마크 물리학자 닐스 보어$^{Niels\ Bohr}$는 양자 개념을 포함하는 새로운 원자모형을 제안했다. 그는 전자들이 임의의 에너지를 가지고 원자핵을 도는 것이 아니라, 양자조건을 만족하는 에너지준위에서만 원자핵을 돌 수 있다고 가정했다. 이 새로운 원자모형은 러더퍼드-보어 원자모형으로 부르지만 보어 모형이라는 이름으로 더 널리 알려져 있다.

보어 원자모형은 오랫동안 설명할 수 없었던 원자의 성질을 성공적으로 설명했다. 19세기 말에 물리학자들은 원자들이 특정한 진동수의 빛만 방출한다는 것을 알아냈다. 보어는 원자핵 주위를 도는 전자들이 높은 에너지준위에서 낮은 에너지준위로 떨어질 때 빛을 방출한다고 설명했다. 에너지준위 사이의 간격이 일정하므로, 전자가 높은 에너지준위에서 낮은 에너지준위로 떨어지면서 방출하는 빛의 파장도 일정해야 한다는 것이다.

전자들이 행성처럼 원자핵 주위를 도는 원자모형은 양자역학 원자모형으로 대체되었다. 그러나 보어의 원자모형은 아직도 종종 수소 원자의 성질을 설명하는 데 이용된다. 또한 양성자 하나로 이루어진 원자핵 주위를 하나의 전자가 바닥상태에서 원자핵 주위를 돌고 있는 수소 원자 사이의 거리를 계산하는 데도 사용되고 있다. 보어 반지름은 수소 원자의 대략적인 크기다.

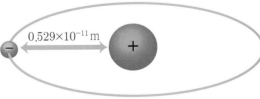

$0.529×10^{-11}$ m

▲ 보어 반지름은 하나의 전자가 원자핵을 돌고 있는 수소 원자핵 사이의 대략적인 거리를 나타낸다.

6.67×10^{-11}

중력 상수(Nm^2/kg^2)

4세기 전부터 우주에 대한 우리의 이해는 놀라울 정도로 빠르게 변했다. 1609년과 1610년에 새로 발명된 망원경을 이용하여 천체를 관측한 갈릴레이는 태양이 지구를 도는 것이 아니라 지구가 태양을 돌고 있다는 확실한 증거를 발견했다. 1619년에 독일 천문학자 요하네스 케플러는 행성 운동에 관한 세 가지 법칙 중 마지막 법칙을 발견했다. 바로 행성이 태양을 한 바퀴 도는 데 걸리는 시간인 주기의 제곱은 태양에서 행성까지 거리의 세제곱에 비례한다는 법칙이다. 그러나 이 법칙은 케플러의 스승이었던 덴마크의 천문학자 튀코 브라헤Tycho Brahe의 관측 자료를 분석하여 발견한 실험법칙이었다. 케플러는 이 법칙이 왜 성립해야 하는지를 설명하지 않고 관측치를 보니까 그런 관계가 있다고 설명한 것이다.

▲ 아이작 뉴턴(Isaac Newton, 1642~1727)은 중력의 법칙을 발견한 것으로 널리 알려져 있다. 그의 중력 법칙은 1687년에 발표되었다.

뉴턴의 등장

이 문제는 1687년 7월에 출판된 뉴턴의 역사적인 논문 《프린키피아Principia》(112쪽 참조)가 출판되면서 해결되었다. 이 책에는 뉴턴의 운동에 관한 세 가지 법칙(64쪽 참조) 외에 태양이 행성을 궤도에 묶어두고 있는 힘을 설명하는 중력 법칙도 포함되어 있다. 뉴턴은 중력 법칙으로부터 케플러의 행성 운동 법칙을 유도해내 중력 법칙의 중요성을 보여줄 수 있었다.

중력 법칙은 두 물체 사이에 작용하는 중력을 계산하는 데 사용된다. 중력의 크기를 알아내려면 두 물체의 질량을 곱한 다음 두 물체 사이의 거리 제곱으로 나누어야 한다. 중력은 두 물체 사이의 거리 제곱에 반비례하기 때문에 거리 역제곱의 법칙이라고도 부른다. 따라서 두 물체 사이의 거리가 두 배가 되면 두 물체 사이에 작용하는 중력의 크기는 4분의 1이 된다.

그러나 두 물체 사이에 작용하는 중력의 크기를 알기 위해서는 두 물체의 질량과 두 물체 사이의 거리 외에도 일반적으로 G라는 기호로 나타내는 중력 상수의 값을 알아야 한다. 중력 상수가 아주 작은 값이라는 말은 중력이 다른 세 가지 기본적인 힘(66쪽 참조)들보다 아주 약하다는 것을 나타낸다. 뉴턴은 중력 상수를 계산할 수 없었다. 중력 상수는 뉴턴이 사망하고 71년 뒤에 헨리 캐번디시[Henry Cavendish, 1731~1810]가 정밀한 실험을 통해 측정했다.

▲ 헨리 캐번디시는 중력 상수 측정 실험을 했으며 수소를 발견하기도 했다.

캐번디시의 실험

중력 상수 G를 정확히 측정하는 방법을 처음 고안한 이는 지질학자 존 미첼[John Michell]이지만 그는 연구를 마치기 전에 사망했다. 그리고 미첼의 측정 장비를 넘겨받은 헨리 캐번디시가 1798년에 중력 상수 측정 결과를 발표했다. 캐번디시의 실험 장치는 줄에 매달린 1.8m 길이의 나무 막대와 막대 끝에 달린 지름 5cm의 납으로 만든 두 개의 구[球]로 이루어져 있었다. 작은 구가 커다란 구 가까이 매달려 있었으며 구와 구 사이에 작용하는 작은 중력으로 인해 나무 막대가 돌아가 줄이 비틀어졌다. 줄의 비틀림 탄성과 중력이 평형을 이루면 줄은 더 이상 돌아가지 않는다. 따라서 막대가 돌아간 각도, 즉 줄이 비틀린 각도를 측정하면 중력 상수를 계산할 수 있다.

이 실험에서 중요한 것은 측정치의 정밀도다. 중력 상수 G가 아주 작은 값이기 때문에 두 물체 사이에 작용하는 중력도 아주 작다. 구와 구 사이에 작용하는 중력은 대략 작은 구 무게의 1/50,000,000이다. 공기 흐름에 의한 오차를 줄이기 위해 캐번디시는 격리실 안에 설치한 나무 상자 안에 실험 장치를 넣고 벽에 낸 작은 구멍을 통해 망원경으로 줄이 틀어지는 각도를 측정했다.

$1×10^{-10}$

기록된 가장 낮은 온도(K)

대부분의 사람들은 우주에서 온도가 가장 낮은 곳은 먼 우주 어디엔가 있다고 생각한다.

태양에서 멀리 떨어져 있는 명왕성의 온도는 $-240°C$(33K)지만 현재 태양계에서 가장 온도가 낮은 곳으로 알려진 곳은 달 위에 있다. 달의 남극에는 태양 빛이 전혀 닿지 않는 깊은 크레이터들이 있다. 이 크레이터 안의 온도는 명왕성보다 낮다.

아무것도 없는 우주 공간은 온도가 매우 낮다. 별들과 별들 사이의 성간 공간이나 은하와 은하 사이의 은하간 공간의 온도는 우주배경복사(CMB, 58쪽 참조)로 인해 조금 데워져서 절대영도보다 조금 높은 2.7K다. 우주에는 이보다 더 낮은 온도를 가진 곳이 있는데 켄타우루스자리에 있는 미행성상 성운인 부메랑 성운의 온도가 1K라는 것이 밝혀졌다.

▲ 허블 망원경으로 본 부메랑 성운의 온도는 가장 낮은 온도인 1K다.

핀란드에서 달성한 온도

우주의 수많은 경쟁자들을 제치고 우주에서 가장 낮은 온도는 바로 지구 위에서 과학자들이 만든 온도다. 가장 낮은 온도 기록은 2000년에 핀란드의 헬싱키 기술대학의 연구팀이 달성한 것으로, 루비듐 조각을 0.0000000001K(100억분의 $1°K$)까지 낮추는 데 성공했다.

2003년 미국의 매사추세츠 공과대학(MIT)에서는 냉각된 기체에서 나트륨을 제거하는 방법으로 50억분의 1°K까지 낮추는 데 성공했다. 이렇게 낮은 온도에서는 물질들이 높은 온도에서는 보이지 않던 이상한 성질을 나타낸다.

초저온에서의 물질의 성질에 관심을 가지고 있는 물리학자들은 우주에서 가장 온도가 낮은 지점을 우주로 되돌려줄 계획하에 있다. NASA는 2016년에 국제 우주 정거장에 초저온 원자 실험실을 설치하여 핀란드 연구팀이 달성했던 비슷한 온도를 달성하고 이 온도에서의 물질의 성질에 대해 더 많은 것을 알아낼 계획이다.

▲ 초유체 상태의 액체헬륨. 초유체는 초저온에서 나타나는 이상한 성질 중 하나다.

온도가 내려가면 물질이 이상해진다

지난 수십 년 동안 물리학자들은 절대영도에 가까운 초저온에서의 실험을 진행해 이렇게 낮은 온도에서는 물질이 높은 온도에서와 전혀 다르게 행동한다는 것을 발견했다.

보즈-아인슈타인 응축 상태(BEC). 온도가 낮아지면 물질을 구성하는 원자들이 에너지를 잃고 속력이 느려진다. 절대영도에 가까운 임계온도에서는 모든 원자들이 바닥상태에 쌓이게 된다. 이렇게 되면 개개의 원자는 개별적인 성질을 잃기 때문에 다른 원자와의 구별이 불가능해진다. 이런 원자들은 새로운 형태의 물질인 보즈-아인슈타인 응축 상태를 만든다. 보즈-아인슈타인 응축 상태는 두 가지 특별한 성질을 가지고 있다.

초전도체. 초전도체는 아주 낮은 온도에서 전기저항이 0이 되는 물질이다. 초전도체 도선으로 만든 자석이 가장 효과적이다. 강한 자기장을 만들어야 하는 입자가속기에서는 초전도체로 만든 자석이 사용되고 있다. 그리고 병원에서 사용하는 MRI 진단 장비에도 초전도체 자석이 사용되고 있다.

초유체. 초유체는 마찰이 전혀 없는 유체다. 모든 원자들이 개개의 성질을 잃어버릴 정도의 낮은 온도에서는 전체적으로 하나의 거대한 원자처럼 행동한다. 따라서 서로 충돌할 수 없어 보통의 물질과 같은 방법으로 에너지를 잃지 않는다. 초유체는 저장 용기의 벽을 타고 올라가기도 한다.

$1{\times}10^{-8}$

CERN에서 만든 반물질의 양(g)

양성자, 전자 그리고 중성자가 전부는 아니다. 자연에는 우리가 그 존재를 겨우 알아차릴 수 있는 또 다른 입자들이 있다. 모든 입자들은 자신의 반입자들을 가지고 있다. 반입자들은 질량을 비롯한 다른 물리적 성질은 모두 같지만 전하의 부호만 반대인 입자들이다.

반물질 만들기

전자의 반입자는 양전자다. 양전자는 전자보다 훨씬 무거운 양성자와는 다른 입자다. 쿼크들도 반입자들을 가지고 있어서 쿼크들로 이루어진 양성자나 중성자도 반양성자와 반중성자를 가지고 있다. 물리학자들은 스위스 제네바 부근에 있는 CERN의 대형 하드론 충돌가속기(LHC)와 같은 장치를 이용하여 반입자를 만들어낼 수 있다. 그들은 반양성자와 반중성자 그리고 양전자로 이루어진 반수소와 반헬륨 원자를 만들어내기도 했다. 2011년 CERN의 물리학자들은 반수소를 17분 동안 분리해놓는 데 성공했다.

반입자들은 자연적으로 만들어지기도 한다. 우리가 먹는 음식물과 마시는 물에 포함된 칼륨-40의 방사성붕괴로 일반 체중의 어른은 매분 세 개의 양전자를 만들어내고 있다. 반입자는 우주선이 공기 분자와 충돌하거나 천둥과 번개가 칠 때, 그리고 특정한 의료 진단 장비에 의해서도 만들어진다. 또 태양에서도 핵융합 반응 과정에서 반입자들이 만들어진다.

그러나 보통 입자들에 비해 우주에 존재하는 반입자의 양은 비교

▲ 제임스 크로닌(James Cronin, 1931~ , 위)과 밸 피치(Val Fitch, 1923~2015, 아래)는 전하와 패리티(CP) 대칭성 붕괴를 발견한 공로로 1980년 노벨 물리학상을 공동 수상했다.

할 수 없을 정도로 적다. 지금까지 CERN에서 만들어낸 반입자들의 에너지를 모두 합해도 60W짜리 전구를 네 시간 정도 밝힐 수 있을 정도밖에 안 된다. 현재 우리의 기술로는 사용하는 에너지의 일부만 반입자로 바꿀 수 있기 때문이다. 그러나 반입자를 생산하는 데는 엄청나게 많은 에너지를 필요로 하기 때문에 CERN에서 가동 중인 전자장치에 사용되는 에너지를 모두 반입자 생산에 사용한다 해도 반입자 1g을 생산하기 위해서는 10억 년보다 더 긴 시간이 필요할 것이다.

소량의 반입자를 생산하는 데 드는 엄청난 비용을 감안할 때 반입자는 세상에서 가장 비싼 물질이다. 가장 보수적으로 계산해도 1g의 반입자를 생산하는 데 드는 비용은 10조 달러가 소요된다. 반입자 다음으로 비싼 물질은 캘리포늄-252로 1g을 생산하는 데 2700만 달러가 들었다. 1990년대 중반 이후 금 가격이 1g당 65달러를 넘지 않은 것과 비교하면 엄청난 금액이다. 이러한 경제성의 문제에도 불구하고 일부 과학자들은 반입자로 이루어진 반물질이 미래의 로켓 연료로 사용될 것으로 생각하고 있다.

▲ 수소 원자와 반수소 원자는 질량은 같지만 전하의 부호가 다른 입자들로 이루어진 거울 대칭 원자들이다.

물질/반물질 대칭성 붕괴

반물질에 대한 가장 간단한 이론에 따르면, 우주 초기에 물질과 반물질은 같은 양으로 만들어졌어야 한다. 그러나 물리학자들은 1960년대 이후 물질과 반물질이 항상 대칭의 법칙을 만족시키는 것은 아니라는 것을 알게 되었다.

미국 물리학자 밸 피치와 제임스 크로닌은 뉴욕 롱아일랜드에 있는 브룩헤이븐 국립연구소의 실험을 통해 전하와 패리티의 대칭성이 붕괴된다는 것을 발견한 공로로 1980년 노벨 물리학상을 공동 수상했다. 그들은 케이온 입자가 붕괴할 때 서로 다른 양의 전자와 양전자가 만들어진다는 것을 발견했다. 이는 물질과 반물질의 대칭성이 붕괴된다는 것을 의미했다.

CP 대칭성이 붕괴된다는 또 다른 증거가 2011년 CERN에서 D-중간자의 붕괴에서도 발견되었다. 초기 우주에서의 물질과 반물질의 대칭성 붕괴가 어떻게 현재의 우주를 만들게 되었는지에 대한 연구는 아직도 활발히 연구되고 있는 주제다.

물리학자들은 현재 이러한 대칭성 붕괴가 중성미자와 같은 다른 입자들에서도 일어나는지를 알아보기 위한 연구를 계속하고 있다(63쪽 참조).

로켓 연료로 사용되는 반물질

　'우주 비행사'라는 말은 '별 세계 항해자'라는 의미를 가지고 있다. 따라서 이 말은 현재 우주 비행사들이 하는 일을 정확하게 나타낸 말이 아니다. 지금까지 인류는 별 세계를 여행한 적이 없다. 인류가 가장 멀리 간 것은 달까지다. 달까지의 거리는 태양에서 가장 가까운 별의 거리까지 100억분의 1밖에 되지 않는다(140쪽 참조). 우리가 성간 공간을 여행하기 위해서는 새로운 형태의 연료가 필요할 것이다.

　모든 추진 장치의 성능은 연소 과정에서 생성된 물질을 분사할 수 있는 능력에 의해 좌우된다. 대부분의 현대 로켓은 액체 산소와 같은 무거운 화학물질을 화물로 날라야 한다. 이런 로켓은 추진력의 많은 부분이 무거운 연료 물질을 가속시키는데 사용된다. 가장 이상적인 연료는 강력한 추진력을 내면서도 가벼워야 한다.

　반물질 사용. 10g의 반물질이 소멸하면서 내는 에너지를 이용하면 화성까지 한 달 안에 도달할 수 있다. 이것은 현재 가능한 여행 시간을 6분의 1로 줄일 수 있는 속도다. 그러나 반물질 생산과 저장에 소비되는 엄청난 비용으로 인해 가까운 미래에 반물질이 연료로 사용될 가능성은 거의 없다.

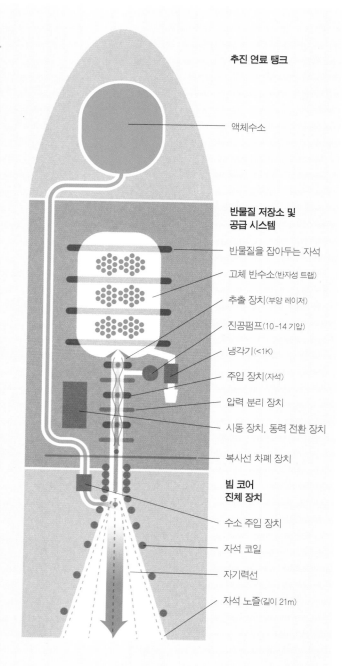

추진 연료 탱크

액체수소

반물질 저장소 및 공급 시스템

반물질을 잡아두는 자석

고체 반수소(반자성 트랩)

추출 장치(부양 레이저)

진공펌프(10-14 기압)

냉각기(<1K)

주입 장치(자석)

압력 분리 장치

시동 장치, 동력 전환 장치

복사선 차폐 장치

빔 코어 진체 장치

수소 주입 장치

자석 코일

자기력선

자석 노즐(길이 21m)

물질 만들기

반물질 생성의 가장 중요한 메커니즘은 쌍생성이고, 쌍생성의 기본 원리는 질량과 에너지의 동등성을 나타내는 아인슈타인의 식 $E=mc^2$에 포함되어 있다. 예를 들어 양성자와 반양성자 같은 입자와 반입자 쌍의 질량을 만들어내기에 충분한 에너지가 있으면 자연은 에너지를 입자 쌍으로 변환시킨다. 이런 경우 대칭성으로 인해 생성되는 입자와 반입자의 양이 정확히 똑같아야 한다.

그러나 질량과 에너지는 양방향으로의 전환이 가능하다. 입자가 반입자를 만나면 쌍소멸이라는 과정을 통해 다시 에너지로 변한다. 우주 역사에서 에너지 밀도가 높아 가장 많은 쌍생성이 가능했던 순간은 빅뱅 직후였다. 우주가 팽창하면서 온도가 내려가 가장 가벼운 입자 반입자 쌍을 생성하기에도 부족할 정도로 에너지 밀도가 낮아지자 쌍생성이 중단되었다.

그런데 놀라운 점은 아직까지 물질이 남아 있다는 것이다. 빅뱅 후 거의 140억 년이 지난 현재에는 모든 물질과 반물질이 에너지로 변했어야 한다. 따라서 별이나 은하를 만들 물질이 남아 있으면 안 된다. 우리가 알고 있는 한 순수한 에너지로 가득한 우주에서는 뼈나 심장 또는 DNA가 만들어질 수 없으며 따라서 생명체도 만들어질 수 없다.

그럼에도 물리학자들은 오늘날까지 우주에 존재하는 물질의 양으로부터 10억 개의 입자가 반입자와 쌍소멸하여 사라질 때 하나꼴로 입자가 살아남았다는 것을 계산해냈다. 그런데 우주 초기에 만들어졌던 반물질은 남아 있는 것이 없다. 반물질보다 약간 많았던 물질이 소멸 후에도 남아 전체 우주를 만들게 되었다. 물질과 반물질 사이에 대칭성이 존재한다면 초기 우주에 물질이 반물질보다 더 많이 만들어진 것은 물리학이 밝혀내야 할 가장 큰 의문 중 하나다(33쪽 글상자 참조)

$5.67{\times}10^{-8}$

슈테판-볼츠만상수$(Js^{-1}\ m^{-2}\ K^{-4})$

복사선의 에너지에 관계없이 표면에 도달하는 복사선을 모두 흡수하는 물체를 물리학에서는 흑체라고 부른다. 온도가 일정하게 유지되고 있는 흑체가 방출하는 에너지가 바로 흑체복사다.

19세기 말에 고전물리학은 흑체복사의 세기가 파장에 따라 달라지는 것을 성공적으로 설명하지 못하고 있었다. 고전물리학을 이용한 분석에 의하면, 높은 진동수에서는 세기가 무한대로 발산해야 하는데 실험 결과는 오히려 감소하는 것으로 나타났다. 이를 '자외선 붕괴'라고 불렀다.

▲ 요제프 슈테판은 태양이 내놓는 에너지를 측정하여 태양 표면의 온도를 계산했다.

이 문제는 1900년에 막스 플랑크가 에너지가 연속된 양이 아니라 불연속적인 덩어리로 존재하여 불연속적인 양만 주고받을 수 있다는 양자화 가설로 해결했다. 프랑크가 양자화 가설을 이용하여 분석하자 진동수가 증가함에 따라 세기가 감소하는 실험 결과와 일치하는 복사 곡선을 얻을 수 있었다.

플랑크 법칙으로 알려진 이 방정식을 이용하면 슈테판−볼츠만 법칙이라고 알려져 있던 실험식을 유도할 수 있다. 흑체가 단위면적을 통해 1초 동안 내는 복사에너지가 온도(절대온도)와 어떤 관계가 있는지를 나타내는 이 법칙에는 슈테판−볼츠만상수가 포함되어 있다.

오스트리아 혹은 오스트리아 출신의 슬로베니아의 물리학자 요제프 슈테판Joseph Stefan, 1835~1893이 1879년에 처음 발견한 이 법칙을 이용하면 태양이 방출하는 에너지를 측정하여 태양 표면의 온도를 계산해낼 수 있다. 이 법칙은 표면에 액체 상태의 물이 존재할 수 있는지를 알아보기 위해 외계 행성의 온도를 측정하는 데도 사용되고 있다.

4×10^{-7}

파란빛의 파장(m)

1905년에 아인슈타인은 빛을 광자라는 입자의 흐름으로 취급할 수 있다는 것을 보여주었다. 그러나 빛은 17세기 이래 파동으로 취급해 왔다. 이는 빛을 파동이나 입자로 취급할 수 있다는 것을 나타낸다. 다시 말해 빛은 파동과 입자의 이중성을 가지고 있다.

빛의 파동성을 이해하기 위해 양 끝을 잡고 있는 줄을 생각해보자. 줄의 한쪽 끝을 잡고 아래위로 흔들면 줄을 따라 파동이 전파되는 것을 볼 수 있다. 파동이 같은 간격으로 위치해 있는 경우 마루에서 다음 마루까지의 거리가 파장이다.

빛은 아주 넓은 파장대를 가지고 있는 파동이다. 가장 짧은 감마선의 파장은 원자핵의 지름 정도인 반면 파장이 가장 긴 전파의 파장은 수 km나 된다. 그러나 우리 눈은 넓은 파장대의 전자기파 중에서 아주 좁은 범위의 전자기파만 감지할 수 있다. 사람의 눈이 감지할 수 있는 좁은 범위의 전자기파를 '가시광선'이라고 부른다. 사람의 눈이 감지할 수 있는 전자기파 중에서 가장 파장이 짧은 전자기파의 파장은 약 400 nm(4000만분의 1m)이다. 이런 파장의 전자기파를 우리 눈은 파란 빛으로 인식한다.

파란빛의 파장이 짧다는 것은 하늘이 왜 파란빛으로 보이는지를 설명해준다. 물체는 자신의 크기와 비슷한 파장을 가지는 빛을 산란 시킨다. 400 nm는 공기 중에 많이 포함되어 있는 질소 분자의 크기와 비슷하다. 따라서 질소 분자들이 파란빛을 다른 색깔의 빛보다 더 많이 지상을 향해 산란시킨다.

▼ 하늘이 파란색으로 보이는 것은 공기 중에 포함되어 있는 질소 분자들이 파장이 짧은 파란빛을 더 많이 산란시키기 때문이다.

7×10^{-7}

붉은빛의 파장(m)

가시광선 중에서 가장 긴 빛의 파장은 700㎚(7×10^{-7}m)다. 이보다 긴 파장의 전자기파는 눈에 보이지 않는 적외선이 된다.

파장이 긴 빛은 천천히 진동하기 때문에 적은 진동수를 갖는다. 1905년의 아인슈타인의 연구는 진동수가 적은 빛은 적은 에너지를 가지고 있다는 것을 보여주었다(114쪽 참조). 파장과 진동수는 반비례하므로 이것은 파장이 긴 빛이 적은 에너지를 가지고 있음을 뜻한다. 따라서 붉은빛은 파란빛보다 적은 에너지를 가지고 있다.

이것을 이용하면 불꽃이 여러 가지 색깔을 내는 것을 설명할 수 있다. 예를 들면 토치램프는 온도가 매우 높아 많은 에너지를 가지고 있다. 따라서 파장이 짧은 파란빛을 낸다. 그러나 보통의 불꽃은 온도가 낮아 소량의 에너지를 가지고 있어서 노란빛을 낸다. 불꽃의 온도가 더 낮아져 꺼지기 직전에는 붉은빛을 내는데 이는 에너지가 적어져서 파장이 긴 붉은빛을 내기 때문이다. 이보다 온도가 더 낮아지면 더 이상 가시광선을 내지 않고 우리 눈에 보이지 않는 적외선만 내게 된다.

빛을 내는 물체의 속도에 따라 물체가 내는 빛의 색깔이 변하는 현상은 1929년에 에드윈 허블Edwin Hubble이 우주가 팽창하고 있다는 사실을 밝혀내는 데 사용된 기본 원리였다(132쪽 참조). 우주가 팽창함에 따라 은하들은 우리로부터 멀어지고 있다. 은하가 멀어지면 은하가 내는 빛의 파장이 길어 보인다. 따라서 실제보다 붉은색으로 보인다. 은하가 내는 스펙트럼이 붉은색 쪽으로 이동하는 것을 적색편이라고 하는데 은하가 얼마나 빨리 멀어지고 있느냐에 따라 달라진다. 따라서 색깔이 변하는 정도를 측정하면 우주가 얼마나 빠르게 팽창하고 있는지 알 수 있다.

▲ 타고 남은 잿불이 붉게 보이는 것은 온도가 낮아 파장이 긴 붉은빛을 내기 때문이다.

1.26×10^{-6}

자유공간의 투자율(N/A^2)

투자율은 전기의 유전율과 비슷한 자기적 성질(26쪽 참조)이며 물질이 자기장을 얼마나 잘 유지할 수 있는지를 나타낸다(전기장과 반대로). 진공의 투자율을 종종 '자유공간의 투자율'이라고 하며 μ_0라는 기호로 나타낸다. 높은 투자율을 가지고 있는 철과 같은 물질은 자유공간의 투자율보다 수천 배나 더 큰 투자율을 가진다. 투자율을 나타내는 영어 단어 'permeability'는 1885년 영국 엔지니어 올리버 헤비사이드^{Oliver Heaviside, 1850~1925}가 처음 사용했다. 전류의 단위인 암페어는 기호 A로 나타낸다.

자유공간의 유전율과 마찬가지로 투자율을 나타내는 μ_0도 전기장과 자기장 사이의 관계를 나타내는 맥스웰 방정식에 포함되어 있다. 제임스 클러크 맥스웰은 맥스웰 방정식을 이용하여 '빛이 전자기파의 일종이라는 것'을 보여주었다. 맥스웰은 최초로 가시광선이 일정한 범위의 파장을 가지는 전자기파라는 것을 밝혀낸 것이다.

자유공간의 유전율과 투자율은 진공이 전기장과 자기장을 얼마나 잘 유지할 수 있는지를 나타내기 때문에 맥스웰은 이 두 가지를 결합하여 진공 중에서 전자기파의 속도를 계산했다. 그가 이론적 분석을 통해 얻은 전자기파의 속도는 당시에 알려져 있던 빛의 속도와 같았다.

물리학자들은 현재 빛의 속도와 자유공간의 투자율을 정확한 값으로 정의하고 있다. 이것은 많은 물리상수들이 실험을 통해 결정된 것과 대조적이다. 자유공간의 유전율도 빛의 속도와 자유공간의 투자율로부터 정확한 값을 계산하는 것이 가능하다.

▲ 영국 엔지니어 올리버 헤비사이드는 1885년에 전자기학을 설명하면서 '투자율'이라는 단어를 처음 사용했다.

6.5×10^{-5}

지구자기장의 세기(T)

지구는 우주에서 오는 많은 위험으로부터 우리를 보호해주는 자기장이라는 눈에 보이지 않는 보호막을 가지고 있다. 지구를 둘러싼 자기장이 암을 일으킬 수 있는 태양의 자외선을 막아주고 있는 것은 그러한 예 중 하나다. 그뿐 아니라 자기장은 태양에서 불어오는 태양풍의 위험으로부터도 우리를 보호해주고 있다.

고대 자기학

지구자기장은 우리 생활과 밀접한 관계를 가지고 있지만 그 세기는 비교적 약하다. 현재 지구자기장의 세기는 25에서 65nT(2억 5000만분의 1 내지 6억 5000만 분의 1테슬라)이다. 우리 주변에서 쉽게 발견할 수 있는 자석의 세기가 0.01T인 것과 비교하면 지구자기장의 세기가 얼마나

▼ 지구의 자기권은 태양에서 오는 해로운 복사선으로부터 우리를 보호해주고 있다. 태양의 반대 방향으로는 지구 자기권이 태양풍에 의해 멀리까지 펼쳐져 있다.

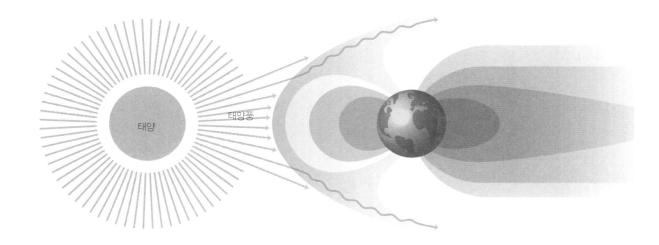

약한지 알 수 있다. 지구자기장은 오래전부터 있었다. 오스트레일리아에서 발견된 붉은 석영안산암과 침상현무암에 대한 분석 결과는 지구자기장이 적어도 지구 역사의 4분의 3에 해당하는 34억 5000만 년 동안 존재했다는 것을 보여주고 있다.

지구자기장은 고체로 되어 있는 내핵과 액체 상태의 외핵으로 이루어진 지구 내부 깊숙한 곳에서 만들어진다. 내핵과 외핵의 주요 성분은 철이다. 액체 상태의 외핵은 전기전도도가 높아 이 부분을 통해 흐르는 전류에 의해 자기장이 만들어진다.

지구자기장은 지구 표면을 통과해 태양을 향한 방향으로 지구 반지름의 10배 되는 곳까지 펼쳐져 있으며, 태양에서 방출된 입자들의 흐름인 태양풍과 상호작용하여 태양의 반대 방향으로는 지구 반지름의 200배 되는 지점까지 형성되어 있다.

놀라울 정도로 역동적인 지구자기장은 계속 이동하고 있다. 지구자기장의 북극을 나타내는 자북은 현재 캐나다에서 시베리아 방향으로 이동 중이다. 지구자기장의 세기는 지역에 따라 다르다. 세기가 가장 약한 지점은 브라질 상공에 위치한 남대서양 변칙점이라고 부르는 지역이다. 이곳은 위험한 우주선宇宙線에 노출될 가능성이 큰 지역이기 때문에 국제 우주 정거장이 이 지역을 통과할 때는 승무원들의 안전을 위해 별도의 우주선 차폐 장치를 가동시켜야 한다.

측정 결과에 의하면, 지구자기장의 세기는 현재 약해지고 있다. 이는 지구가 자기장의 남극과 북극이 바뀌는 극 반전을 향해 가고 있다는 것을 의미한다.

해저에서 형성된 암석 자기장의 주기적인 반전을 포함하여 지구 역사에서 자기장의 반전이 여러 차례 있었다는 증거들이 발견되고 있다.

지구자기장의 반전

지구자기장의 세기가 약해지고 있다. 지난 300년 동안 지구자기장의 세기는 그 이전 5000년 동안 변한 것보다도 많이 변했다. 이것은 지구의 보호막인 자기장이 남극과 북극이 바뀌는 극 반전을 향해 가고 있음을 의미하는 것일 수도 있다. 극 반전은 78만 년 전에도 있었다. 그러나 극 반전이 일어나지 않으면서도 지구자기장의 세기가 약해진 경우도 있었다.

그렇다면 극 반전이 일어날 때는 어떤 일들이 벌어질까? 극 반전이 일어날 때는 지구자기장의 세기가 현재 지구자기장 세기의 20%밖에 안 될 것이다. 그렇게 되면 더 많이 자외선에 노출되어 피부암의 발생 비율이 높아질 것이다. 그리고 전기에 민감한 장치들이나 인공위성들이 태양풍의 영향을 더 크게 받을 것이다. 그러나 이전에 있었던 극 반전 시에 대규모 멸종과 같은 사건이 일어났었다는 증거는 발견되지 않았다.

1.7×10^{-3}

지구 자전이 느려지는 비율(초/세기)

현재 하루는 24시간이다. 그러나 하루의 길이가 과거에도 24시간이었던 것은 아니고 미래에도 24시간이지는 않을 것이다. 왜냐하면 달의 중력으로 인해 지구의 자전 속도가 느려지고 있기 때문이다.

10억 년 전에는 하루의 길이가 18시간이었다.

지구와 달은 중력으로 서로 잡아당기고 있다. 그러나 중력의 세기는 거리에 따라 달라지기 때문에 지구 표면의 달에 가까운 지점에서는 먼 지점보다 더 강하게 달의 중력으로 인한 영향을 받는다. 이런 이유로 달에 가까운 부분은 조석 융기가 일어난다.

지구가 자전하면서 융기된 부분도 지구와 함께 회전하려고 한다. 그러나 달의 중력은 융기된 부분을 달과 지구를 연결한 연장선 위에 유지시키려 한다. 이 두 힘이 줄다리기를 한 결과, 지구의 자전 속도가 느려지고 있다.

▼ 달의 조석 작용으로 인해 지구의 자전 속도가 느려지고 있다. 따라서 각운동량 보존 법칙에 의해 달은 나선운동을 하면서 지구로부터 멀어진다.

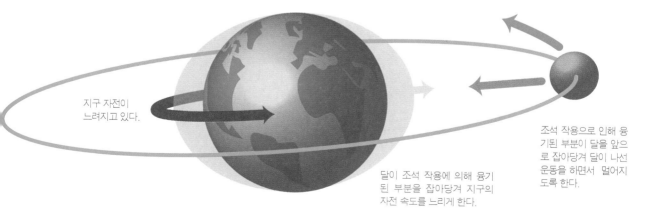

지구 자전이 느려지고 있다.

달이 조석 작용에 의해 융기된 부분을 잡아당겨 지구의 자전 속도를 느리게 한다.

조석 작용으로 인해 융기된 부분이 달을 앞으로 잡아당겨 달이 나선운동을 하면서 멀어지도록 한다.

멀어지는 달

느려지는 지구의 자전 속도는 달의 운동에도 영향을 준다. 물리학에 의하면, 중력이 작용할 때는 지구와 달을 합한 전체 각운동량이 보존되어야 한다. 따라서 지구의 자전 속도가 느려지면 달의 각운동량이 증가해야 한다. 달의 각운동량이 증가하면 달은 1년에 3.8 cm씩 멀어지게 된다. 달이 지구로부터 멀어지는 것은 우주인들이 달 방문 시 설치해놓은 거울을 왕복하는 레이저를 이용하여 정확히 측정할 수 있다. 이런 측정을 통해 매년 레이저 빔이 달에 있는 거울을 왕복하는 데 걸리는 시간이 조금씩 길어지고 있다는 사실이 확인되었다.

조석 브레이크 또는 조석 감속이라 부르는 지구의 자전 속도가 느려지고, 달이 지구로부터 멀어지는 현상은 지구의 자전주기와 달의 공전주기가 같아질 때까지 계속될 것이다. 지구의 자전주기와 달의 공전주기가 같아지기 위해서는 달이 현재보다 1.3배 더 멀리 떨어져야 하고, 지구의 자전주기는 47일이 되어야 한다. 그러나 태양은 앞으로 약 50억 년 동안 더 빛날 것이다. 따라서 태양계가 사라지기 전에 지구의 자전주기와 달의 공전주기가 같아지기는 어려울 것으로 보인다.

지구의 자전 속도가 달라지기 때문의 지구의 운동은 더 이상 정확한 시계라고 할 수 없다. 실제로 지구의 운동과 일치시키기 위해서는 때때로 윤초를 더하거나 빼주어야 한다. 시간의 단위인 초는 한때 지구의 자전주기를 기준으로 정해졌지만 1967년부터는 세슘 원자가 내는 복사선의 주기를 기준으로 새롭게 정의되었다(131쪽 참조).

윤초

현대 원자시계는 지구의 운동보다 정확한 시간 측정을 가능하게 해준다. 지구의 운동을 기초로 하여 측정한 시간은 약 6만 년 동안 1초 정도의 오차가 발생한다. 그러나 원자시계가 이 정도의 오차를 보이는 데는 3억 년이 걸린다. 하지만 우리가 원자시계에만 의존하면 우리가 측정한 시간은 덜 정확한 지구의 운동을 기초로 측정한 시간과 차이가 난다. 그렇게 되면 먼 미래에는 현재와 다른 시간에 태양이 뜨고 질 것이다. 따라서 지구의 운동과 시간을 일치시키기 위해 1972년 이후 25초의 윤초가 더해졌다.

−273.15

절대영도(℃)

물을 가열하면 액체 상태의 물은 100℃에서 기체 상태의 수증기로 변한다. 계속 열을 가하면 수증기의 온도는 한없이 올라간다.

물의 온도를 내리면 0℃에서 고체인 얼음으로 변한다. 얼음을 냉각시키면 온도가 계속 내려간다. 그러나 온도가 내려가는 데는 한계가 있다. 이 한계가 절대영도인 −273.15℃다. 낮은 온도의 한계는 물에만 적용되는 것이 아니라 우주의 모든 것에 적용된다. 절대영도보다 더 낮은 온도로 냉각시킬 수 있는 것은 아무것도 없다.

가장 낮은 온도

왜 온도는 절대영도 이하로 내려갈 수 없는 것일까? 온도는 물체를 이루는 입자들의 평균 에너지의 크기를 나타낸다. 고전물리학에서 온도는 물체를 이루는 원자나 분자가 얼마나 빠르게 운동하거나 진동하느냐 하는 것을 나타낸다. 기체와 액체의 경우에는 분자들이 모든 방향으로 자유롭게 운동할 수 있어 온도가 높아질수록 평균속도가 빨라진다. 고체에서는 원자들의 위치가 결정격자 안에 고정되어 있지만 진동하는 것은 가능하다. 고체의 온도가 높을수록 고체를 이루는 원자들이 더 빠르게 진동한다.

물체의 온도가 낮아지면 물체를 이루는 입자들이 천천히 운동하

▲ 켈빈 경(lord Kelvin, 1824~1907) 과 안데르스 셀시우스(Anders Celsius, 1701~1744)는 자신들의 이름을 딴 온도체계를 가지고 있다.

섭씨온도와 절대온도

섭씨온도는 물이 어는 온도를 0도, 물이 끓는 온도를 100도로 정한 온도다. 따라서 섭씨온도는 일상생활의 온도를 다루는 데 편리하다. 그러나 물리학에서는 가장 낮은 온도를 0도로 정한 절대온도를 더 많이 사용한다. 물리학자들이 절대온도를 더 선호하는 것은 이 때문이다. 가장 낮은 온도를 0도로 하고, 그 후의 온도 증가는 섭씨온도와 같다. 따라서 0K는 −273.15℃와 같다. 절대온도에서 물이 어는 온도는 273.15K이고 물이 끓는 온도는 371.15K다.

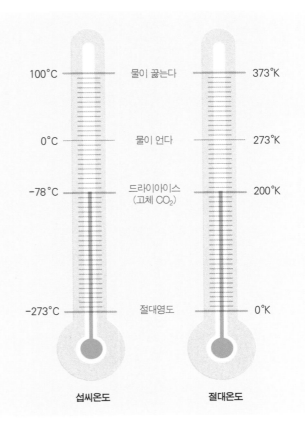

섭씨온도		절대온도
100°C	물이 끓는다	373°K
0°C	물이 언다	273°K
−78°C	드라이아이스 (고체 CO_2)	200°K
−273°C	절대영도	0°K

게 된다. 온도가 더욱 낮아져 특정한 이론적 온도에 이르면 원자나 분자의 운동은 정지한다. 이런 상태에서는 더 이상 열을 제거할 수 없고 따라서 더 이상 온도를 낮추는 것이 불가능하다. 이 온도가 −273.15℃다. 절대온도에서는 이 가장 낮은 온도를 0K로 정해놓고 있으며 이를 절대영도라고 한다.

고전물리학은 절대영도에서는 모든 운동이 정지될 것이라고 예측하지만 양자역학에서는 원자와 분자가 영점에너지라고 부르는 일정한 에너지를 가지고 있다고 예측한다. 따라서 절대영도에서도 약간의 운동이 가능하다. 그런데 2013년 독일 뮌헨의 물리학자들이 양자 기체를 절대영도 이하로 냉각시키는 데 성공했다. 이와 같은 초냉각 원자는 새로운 물질 개발을 위한 초석이 될 것이다.

−1/3

다운, 스트렌지, 바텀 쿼크의 전하량(e, 기본 전하)

양성자와 중성자는 기본 입자가 아니라 쿼크라는 더 작은 입자들로 이루어진 복합 입자라는 것은 이미 앞에서 이야기했다. 쿼크라는 이름은 1939년에 출판된 제임스 조이스$^{James\ Joyce}$의 소설 《피네간의 경야》에 있는 '머스터 마크를 위한 세 개의 쿼크'라는 말에서 따왔다. 양성자는 두 개의 업 쿼크와 하나의 다운 쿼크, 중성자는 하나의 업 쿼크와 두 개의 다운 쿼크로 이루어졌다. 양성자를 이루는 쿼크들의 전하를 모두 합한 양성자의 전하는 +1이고 중성자의 전하는 0이다.

쿼크에는 업 쿼크와 다운 쿼크 외에도 네 개의 쿼크가 더 있다. 이 중 스트렌지 쿼크와 바텀(때로는 비유티 쿼크라고도 불리는) 쿼크는 다운 쿼크와 함께 $-\frac{1}{3}$의 전하를 가지고 있다. 다른 두 개의 쿼크, 참과 톱 쿼크는 업 쿼크와 마찬가지로 $+\frac{2}{3}$의 전하를 가지고 있다(54쪽 참조).

쿼크로 이루어진 모든 입자들을 하드론이라고 부른다. 스위스 제네바 부근에 있는 대형 하드론 충돌가속기(LHC)의 이름은 하드론 입자에서 유래했다. 양성자나 중성자와 마찬가지로 세 개의 쿼크로 이루어진 입자들은 중입자, 쿼크로 이루어져 있지 않은 전자와 같은 입자들은 경입자라고 부른다.

중입자나 경입자가 아닌 입자들도 있다. 중간자는 하나의 쿼크와 하나의 반쿼크로 이루어졌다(32쪽 참조). 다운 쿼크, 스트렌지 쿼크, 바텀 쿼크(또는 이들의 반쿼크)로 이루어진 중간자 중에는 스트렌지 B 중간자(스트렌지, 반바텀 쿼크)와 중성 케이온(다운 쿼크, 반스트렌지 쿼크)이 있다. 중간자들은 불안정해서 100만분의 1초보다 짧은 수명을 가지고 있다.

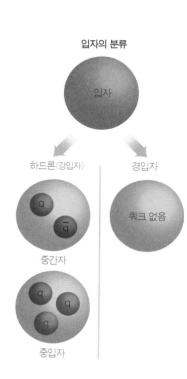

입자의 분류

입자

하드론(강입자)   경입자

q
q̄
중간자

쿼크 없음

q
q
q
중입자

▲ 입자들은 포함하고 있는 쿼크에 따라 여러 가지 종류로 나눈다. 하드론은 쿼크로 이루어져 있고(중입자는 세 개의 쿼크, 중간자는 두 개의 쿼크로 이루어졌음), 경입자는 쿼크를 포함하고 있지 않다.

0

포톤(광자)의 정지질량(kg)

빛의 입자로 전자기력의 작용에 관여하는 포톤(광자)은 질량을 가지고 있지 않다. 이것은 질량과 에너지가 같음을 나타내고 있는 아인슈타인의 유명한 식 $E=mc^2$에 어긋나는 것처럼 보인다. 이 식에 의하면 질량을 가지고 있지 않은 포톤은 에너지도 가지고 있지 않아야 한다. 그러나 빛은 에너지를 가지고 있다.

세상에서 가장 유명한 이 식은 완전한 식이 아니다. 완전한 식은 $E^2 = p^2c^2 + m^2c^4$이다. 이 식에서 p는 속도에 따라 결정되는 운동량을 나타낸다. 따라서 정지한 입자의 경우에는 p가 0이 되어 $E^2 = m^2c^4$만 남는다. 이 식의 양변의 제곱근을 구하면 앞에서 언급한 널리 알려진 식을 구할 수 있다. 그러나 질량이 0인 입자의 경우에는 m^2c^4항이 사라지고 운동량 항만 남는다. 그것은 질량이 없는 입자도 운동량을 가지고 있으면 에너지를 가질 수 있다는 것을 뜻한다.

아인슈타인의 상대성이론에 의하면, 빛의 속도는 입자가 도달할 수 있는 가장 빠른 속도다. 포톤과 같이 질량을 가지고 있지 않은 입자만 가장 빠른 빛의 속도로 달릴 수 있다. 질량을 가지고 있는 입자는 빛의 속도에 다가갈 수는 있지만, 빛의 속도로 달리려면 무한대의 에너지가 필요하다(100쪽 참조).

포톤의 질량이 0이라는 것은 실험을 통해 확인되었다. 포톤이 아주 적은 양의 질량이라도 가지고 있으면 쿨롱의 법칙(26쪽 참조)으로 나타나는 전기장의 행동이 영향을 받을 것이다. 하지만 그러한 영향은 발견되지 않았다.

0.007

수소 핵융합의 효율

태양은 우리 생존에 필요한 에너지를 공급하고 있다. 지구가 생명체가 살아가는 데 필요한 액체 상태의 물을 유지하기 위해서는 태양으로부터 계속 에너지를 공급받아야 한다. 지구 상에서 이루어지는 모든 먹이사슬의 기초가 되는 태양 에너지가 없다면 우리는 존재할 수 없다. 그러나 태양은 에너지를 생산하는 데 매우 비효율적이다. 태양이 1cm³의 부피에서 매초 생산하는 에너지는 우리 몸이 방출하는 에너지보다 적지만 지구 생태계를 유지하기에 충분한 에너지를 지구에 공급하고 있다.

태양의 깊은 곳에 있는 태양 핵에서는 가벼운 원자핵이 무거운 원자핵으로 바뀌는 핵융합 반응이 일어나고 있다. 핵융합 반응에는 여러 종류의 반응이 있다. 태양의 핵에서는 양성자−양성자 체인에 의해 핵융합 반응이 일어나고 있다. 양성자−양성자 체인이라는 말에서 짐작할 수 있는 것처럼 이 핵융합 과정은 양전하를 띤 두 개의 양성자에서 시작된다. 양전하를 띠고 있는 양성자들은 전기적인 반발력에 의해 서로를 밀어낸다. 그러나 태양 내부의 온도와 압력은 매우 높다. 태양 핵의

▼ 태양의 핵에서는 양성자−양성자 체인(pp-체인) 반응을 통해 수소를 헬륨으로 변환한다. 이 과정에서 질량 일부가 에너지로 전환된다.

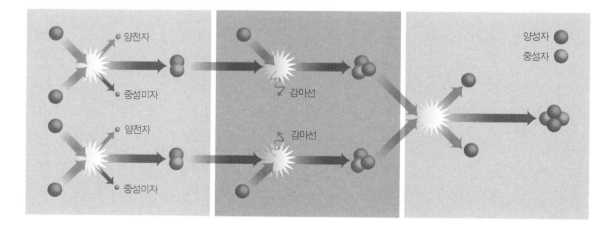

밀도는 납의 밀도보다 10배나 더 높다. 이런 조건에서는 양성자들이 강한 핵력이 작용할 수 있는 거리까지 다가갈 수 있다. 그렇게 되면 두 양성자 중 하나가 중성자로 변환해 중수소핵을 만든다. 여기에 또 다른 양성자가 결합하면 헬륨-3 원자핵이 되고 두 개의 헬륨-3 원자핵이 결합하여 양성자-양성자 체인의 마지막 생성물인 헬륨-4가 만들어진다.

400만 톤의 태양 빛

그러나 핵융합 반응에 참여하는 물질과 생성물의 질량 사이에 차이가 나게 된다. 매초 생성되는 헬륨-4의 질량은 반응에 참여한 양성자의 질량보다 400만 톤 적다. 아인슈타인은 질량과 에너지는 $E=mc^2$ 식에 의해 서로 전환할 수 있다는 것을 밝혀냈다. '사라진 400만 톤'의 질량은 에너지로 전환되어 지구에 에너지를 공급하는 빛이 되는 것이다.

매초 400만 톤의 질량이 에너지로 변한다는 것은 엄청난 양처럼 보이지만 반응에 참여하는 전체 질량에 비하면 아주 적다. 태양에서는 매초 약 6억 2000만 톤의 수소(3.7×10³³개의 수소 원자)가 6억 1600만 톤의 헬륨으로 바뀌고 있다. 이 중 400만 톤만 에너지로 바뀐다. 따라서 태양의 에너지 효율은 매우 낮아 0.007, 즉 0.7%다. 그럼에도 불구하고 태양이 방출하는 에너지의 양이 엄청난 것은 태양의 크기 때문이다.

태양이 연료를 소모하는 비율을 이용하여 천체물리학자들은 태양에서의 핵융합 반응이 얼마나 오랫동안 계속될 것인지를 계산할 수 있다. 이에 따르면, 태양은 앞으로도 50억 년 동안은 더 핵융합 반응을 할 수 있을 것이다. 수소 핵융합 과정이 끝나면 태양의 핵은 더 이상 중력에 의한 압력을 견딜 수 없어 중력 붕괴를 시작할 것이다. 중력 붕괴가 일어나면 핵의 온도가 헬륨 원자핵의 핵융합이 가능해지는 온도까지 올라갈 것이다. 그렇게 되면 세 개의 헬륨 원자핵이 관여하는 '삼중 알파 과정'을 통해 헬륨 원자핵은 탄소와 산소 원자핵을 합성할 것이다. 이 과정에서 양성자-양성자 체인에서보다 더 많은 에너지가 방출되어 바깥쪽을 향한 압력이 커지면 태양은 적색거성으로 부풀면서 그동안 에너지를 공급해 생명체의 보금자리로 만들었던 지구마저 삼켜버릴 것이다.

1/137 (0.0073)

미세구조상수

현대의 물리학에서 α라는 기호로 나타내는 미세구조상수는 포톤이 전자나 양성자 같은 전하를 띤 입자와 얼마나 강하게 상호작용하는지를 나타내는 상수다. 또한 차원이 없는 상수다.

미세구조상수는 1916년 독일의 물리학자 아르놀트 조머펠트가 처음 제안했는데 그는 이 상수를 보어 원자(13쪽 참조)의 첫 번째 궤도를 돌고 있는 전자 속도와 빛 속도의 비라고 생각했다.

보어의 원자모형에서는 높은 에너지준위에 있던 전자가 낮은 에너지준위로 떨어질 때 빛 입자인 포톤이 방출된다. 수소 원자가 내는 빛은 몇 개의 '계열'을 이루고 있다. 그러나 각각의 선스펙트럼을 자세히 관찰해보면 하나의 선이 아니라 아주 좁은 간격을 가진 두 개의 선으로 이루어졌다는 것을 알 수 있다. 이는 원자 안에서의 자기적 상호작용으로 인한 것이다. 두 개의 선이 얼마나 가까이 분포하는지는 원자 안에 포함된 양성자의 수와 미세구조상수의 제곱값에 따라 결정된다.

일부 천문학적 관측 결과에 의하면 미세구조상수는 엄격한 의미에서 상수가 아니다. 멀리 있어서 별처럼 보이는 밝은 은하인 퀘이사에 대한 관측 결과는 우주 초기에는 미세구조상수가 다른 값이었다. 이는 우주 초기에는 전자와 양성자가 현재와는 다르게 상호작용했음을 나타낸다.

▲ 독일 물리학자 아르놀트 조머펠트(Anold Sommerfeld, 1868~1951)가 1916년에 처음으로 보어 원자와 관련해서 미세구조상수를 제안했다.

0.01

물의 삼중점(℃)

우리는 일상생활의 경험을 통해 물은 100℃에서 끓고, 얼음은 0℃에서 녹는다는 것을 알고 있다. 그러나 항상 그런 것은 아니다. 예를 들어 에베레스트산 정상에서는 71℃에서 끓는다. 이는 고체, 액체, 기체 사이의 상태 변화가 압력과도 관계있기 때문이다. 세계에서 가장 높은 산의 정상에서는 대기압이 해수면에서의 대기압의 3분의 1 정도이므로 물이 더 쉽게 끓을 수 있다.

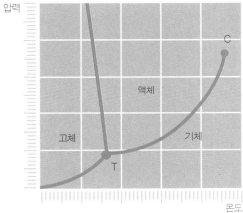

▲ 특정 온도와 압력의 조합에서는 물질이 동시에 고체, 액체, 기체의 상태로 존재할 수 있다. 이런 온도와 압력의 조합을 삼중점이라고 한다.

물리학자들이 만든 상태도에는 압력과 온도 사이의 관계가 나타나 있다. 가장 기본적인 상태도에는 고체, 액체, 기체 상태에 있을 수 있는 온도와 압력 영역이 표시되어 있다. 물질마다 다른 형태의 상태도를 가지고 있다. 모든 상태도에는 고체, 액체, 기체 상태를 나타내는 영역 구분 선의 교차점이 있다. 이 점이 나타내는 온도와 압력에서는 물질이 동시에 고체, 액체, 기체 상태로 존재할 수 있다. 이를 '삼중점'이라고 한다.

물의 경우 삼중점의 온도는 0.01℃이고 압력은 대기압의 0.6%다. 엄밀히 말하면 물은 하나 이상의 삼중점을 가지고 있지만 이 점이 가장 널리 받아들여지는 삼중점이다. 이 점은 켈빈의 온도를 정의하는 데도 사용된다. 물의 삼중점은 273.16 K다. 다른 모든 온도는 이 점을 기준으로 측정된다. 그렇게 되면 절대영도(44쪽 참조)는 −273.15℃가 된다.

0.02

세르게이 클리칼레프가 경험한 시간 지연(s)

한때 시간 여행을 꿈꾸어보지 않은 사람은 거의 없을 것이다. 허버트 조지 웰스Herbert George Wells의 《타임머신》에서부터 〈백 투 더 퓨처〉, 〈터미네이터〉, 〈루퍼〉에 이르기까지 많은 공상과학소설과 영화에서 시간 여행은 중요한 소재였다. 그리고 이제 더 이상 공상과학소설의 소재만이 아니다. 시간 여행은 현재 실제로 일어나고 있다.

아인슈타인의 상대성이론은 시간이 측정하는 사람의 상태에 따라 달라지는 상대적인 양이라는 것을 알려주고 있다. 시간에 대한 우리의 경험은 우리가 얼마나 빠르게 여행하고 있는지에 따라 달라진다. 더 빠르게 여행하면 할수록 정지한 사람에 비해 시간은 천천히 흐른다. 그러나 우리가 시간이 더 빨리 흐르는 것을 느낄 수 있는 방법은 없다. 이때의 우리의 시간은 다른 사람의 시간에 비해 천천히 흐를 뿐이다. 속도의 차이가 클수록 두 사람이 측정한 시간의 차이가 더 커질 뿐이다.

▲ 러시아의 우주 비행사 세르게이 크리칼레프는 우주 정거장에서의 시간 지연 효과로 0.02초를 미래로 여행함으로써 가장 긴 시간 여행을 한 사람이 되었다.

시간 여행자가 우리 주변에도 있다.

이러한 시간 지연 효과로 인해 러시아의 우주 비행사 세르게이 크리칼레프Sergei Krikalev, 1958~ 는 가장 위대한 시간 여행자가 되었다. 그는 지구궤도에서 가장 오랜 시간을 보낸 기록 보유자로, 처음에는 러시아의 우주 정거장 미르에 체류했고, 후에는 국제 우주 정거장에서 오랜 시간을 보냈다. 우주 정거장은 지상에서 볼 때 28,000 km/h의 속도로 지구를 돌고 있다. 따라서 우주 정거장에서는 지상에서보다 시간이 천천히 흐른다. 그 결과, 우주 정거장에서 803일 동안 머문 클리칼레프는 지상에 머물고 있던 사람들보다 0.02초 나이를 덜 먹었다. 지상으로 내려왔을 때 그는 0.02초 미래로 시간 여행을 한 셈이다.

우스갯소리로 들릴지 모르지만 이것은 엄연한 사실이다. 시간 지연을 감안하지 않으면 GPS 위성은 쓸모가 없을 것이다(90쪽 참조). 그리고 대기권 상층부에서 만들어지는 뮤온의 행동을 설명할 수도 없을 것이다. 언젠가 우리가 빛의 속도에 근접한 속도로 여행할 수 있다면 몇 년 또는 몇 세기의 미래로 여행하는 것도 공상과학소설에서만 가능한 일이 아닐 것이다.

불가능을 가능으로 바꾼 입자: 뮤온

우주에서 날아온 큰 에너지를 가지고 있는 양성자가 공기 분자와 충돌하면 뮤온을 비롯한 원자보다 작은 많은 입자들을 만들어낸다. 이렇게 만들어진 뮤온 중 일부는 빛 속도의 98%나 되는 빠른 속도로 지표면을 향해 달린다. 이렇게 해서 지표면에 도달하는 데에는 약 10만분의 7초 정도의 시간이 걸린다. 그러나 뮤온의 반이 붕괴하는 데 걸리는 시간인 반감기는 100만분의 1.5초 정도다. 따라서 대부분의 뮤온은 지표면에 도달하기 전에 붕괴하기 때문에 지표면에 도달하는 뮤온은 100만 개 중 하나 정도여야 한다. 그러나 실험에 의하면 100만 개 중 5만 개가 지표면까지 도달한다.

이론적 분석 결과와 실험 결과의 이러한 큰 차이는 특수상대성이론을 이용하면 설명할 수 있다. 빛 속도의 98%에 이르는 빠른 속도로 달리는 뮤온은 상당한 시간 지연을 경험하게 된다. 뮤온에서는 시간이 지상의 관측자가 측정한 시간에 비해 다섯 배나 느리게 흘러간다. 따라서 적은 수의 뮤온만 붕괴하여 많은 수의 뮤온이 지표면에 도달할 수 있게 된다.

우리가 이론적 분석을 하면서 저지른 실수는 지상의 관측자와 뮤온에게 시간이 똑같이 흘러갈 것으로 가정한 것이었다.

2/3

업, 참, 톱 쿼크의 전하(e-기본 전하)

다운, 스트렌지, 바텀 쿼크와 함께 업, 참, 톱 쿼크는 현대 물리학이 밝혀낸 여섯 가지 쿼크를 구성한다. 쿼크는 자연에 존재하는 네 가지 기본적인 힘이 모두 작용하는 유일한 원자보다 작은 입자들이다(66쪽 참조).

여섯 가지 쿼크 중에서 가장 무거운 톱 쿼크는 양성자보다 200배나 무겁고, 텅스텐 원자의 무게와 거의 비슷하다. 따라서 인공적으로 톱 쿼크를 만들어내려면 엄청 많은 에너지가 필요해 1995년에 현대적인 입자가속기가 등장하기 전까지는 발견되지 않았다. 톱 쿼크의 발견으로 2008년의 노벨 물리학상은 1973년에 톱 쿼크와 바텀 쿼크의 존재를 예측한 두 일본 물리학자 고바야시 마코토小林誠,1944~ 와 마스카와 도시히데益川敏英, 1940~ 에게 수여되었다.

쿼크에 대해 많은 것을 알게 되었지만 아직 단독으로 존재하는 쿼크를 분리해내지는 못했다. 톱 쿼크가 발견되었을 때 톱 쿼크는 톱 쿼크와 반톱 쿼크로 이루어진 중간자의 일부였다.

쿼크를 분리해내지 못하는 것은 기술적인 문제 때문이 아니라 물리법칙 때문이다. 쿼크 사이에 작용하는 힘은 이상한 성질을 가지고 있다. 쿼크 사이에 작용하는 힘은 두 쿼크 사이의 거리가 멀어지면 약해지는 것이 아니라 오히려 강해진다. 이것은 질량이나 전하 사이의 거리가 멀어지면 약해지는 중력이나 전자기력과 정반대다.

쿼크 사이에 작용하는 힘을 연구하는 분야를 '양자 색깔 역학(QCD)'이라고 부른다.

▲ 1973년에 톱 쿼크와 바텀 쿼크를 예측한 고바야시 마코토(위)와 마스카와 도시히데(아래)는 2008년 노벨 물리학상을 공동 수상했다.

1

그래핀의 두께(원자)

2004년에 처음 발견된 이래 그래핀^{graphene}은 전자공학, 에너지 저장, 의약품과 같은 여러 분야에서 기술혁명을 가능하게 할 기적의 물질로 널리 알려졌다. 강철보다 100배 더 강한 그래핀은 인류에게 알려진 모든 물질 중에서 가장 강한 물질이면서도 놀랍도록 가볍다. 그래핀의 두께는 원자 하나의 지름에 지나지 않는다. 또한 열과 전기를 잘 흐르도록 하는 가장 좋은 도체이기도 하다.

닭장 철망을 생각나게 하는 탄소 망으로 이루어진 얇은 판인 그래핀은 영국 맨체스터 대학에서 안드레 가임^{Andre Geim}과 콘스탄틴 노보셀로프^{Konstantin Novoselov}가 발견했다. 러시아 출신의 두 과학자는 그래핀 연구로 2010년 노벨 물리학상을 공동 수상했다. 이는 발견 후 짧은 기간 안에 노벨상을 수상한 예 중 하나다.

그들은 고도로 발단된 실험장비가 아니라 접착테이프라는 간단한 도구를 이용하여 흑연에서 그래핀 층을 분리해냈고, 이를 이용하여 컴퓨터나 다른 전자제품 안에서 전류를 빠르게 제어하는 트랜지스터 제작에 성공했다. 현재 트랜지스터는 실리콘이라는 반도체로 만들고 있지만 언젠가는 그래핀으로 대체될 것이다.

2013년 유럽연합이 그래핀 연구에 10억 유로를 배정한 것은 그래핀의 잠재력이 얼마나 큰 지를 잘 보여준다. 그래핀의 용도로는 유연하면서도 강한 터치스크린 제작, 방사성 폐기물의 취급, 물의 정화, 의약품 제조 등이 거론되고 있다. 학자들은 그래핀 연구가 지속적으로 이루어지면 세계의 그래핀 산업이 1000억 달러로 팽창할 것으로 예측하고 있다.

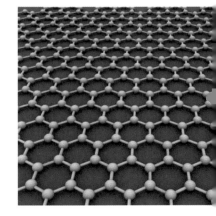

▼ 닭장 철망과 비슷한 구조를 가진 탄소 원자 한 층으로 이루어진 그래핀은 알려진 물질 중에서 가장 강항 물질이다.

1.4

찬드라세카르의 한계(태양 질량)

영원한 것은 아무것도 없다. 약 50억 년 후면 태양은 수소 연료를 모두 소모해버릴 것이다. 수소 연료를 모두 소모한 다음에도 한동안은 헬륨이 탄소와 산소로 융합하는 핵융합 반응이 일어나겠지만 그것도 언젠가는 영원히 끝날 것이다. 태양 질량보다 8배 더 많은 질량을 가지고 있는 별의 핵에서만 탄소 원자핵이 이보다 더 무거운 원자핵으로 융합할 수 있을 정도로 온도가 높아질 것이다.

더 이상 중력에 의한 압력을 버티기 힘들게 되면 태양의 핵은 붕괴하기 시작할 것이다. 그러나 중력 붕괴가 영원히 계속되지는 않을 것이다. 태양의 크기가 지구 정도의 크기가 되면 태양의 수축은 멈출 것이다. 백색왜성이라 부르는, 밀도가 높은 별은 원래 별이 가지고 있던 질량의 반 정도를 가지고 있다. 나머지 반은 공간으로 날려 보내 별을 둘러싸는 행성상 성운을 만든다. 행성 크기의 별에 많은 질량이 몰려 있는 백색왜성의 밀도는 금의 밀도보다 5만 배나 크다.

▲ 같은 양자역학적 상태에 두 개 이상의 페르미온이 들어갈 수 없다는 파울리 배타 원리는 볼프강 파울리가 발견했다.

파울리 배타 원리

중력이 작용하고 있는 데도 백색왜성이 더 이상 수축하지 않는 것은 핵융합 반응에 의해 방출된 에너지가 바깥쪽으로 압력을 작용하고 있기 때문이 아니다. 이 단계가 되면 핵융합 반응은 이미 정지되었기 때문이다. 수축을 멈추도록 하는 것은 '축퇴 압력'이다. 1925년에 오스트리아 물리학자 볼프강 파울리Wolfgang Pauli, 1900~1958가 전자는 입자들과 다르게 행동한다는 것을 알아냈다. 그는 전자와 같은 페르미온 입자들은 같은 양자학적 상태에 두 개 이상의 입자가 들어갈 수 없다는 것을 알아낸 뒤 파울리 배타 원리라고 명명했다. 백색왜성이 계속 수축하려면 여러 개의 전자들이 같은 양자역학적 상태에 들어가야 한다. 파울리 배타원리에 의하면 페르미온 입자들은 같은 양자역학적 상태에 있을 수 없으므로 서로 밀어내게 되어 더 이상 수축할 수 없게 된다.

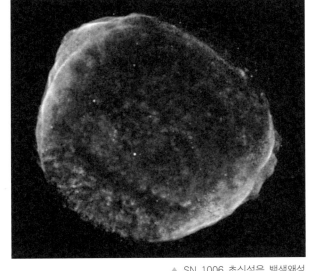

▲ SN 1006 초신성은 백색왜성의 질량이 찬드라세카르의 한계에 도달하여 폭발한 Ia형 초신성이다.

1930년에 열아홉 살이었던 인도의 천체물리학자 수브라마니안 찬드라세카르 Subrahmanyan Chandrasekhar는 백색왜성이 지탱할 수 있는 질량에 한계가 있다는 것을 알아냈다. 질량이 태양 질량의 1.4배가 넘는 백색왜성은 안정한 상태를 유지할 수 없다. 이러한 백색왜성의 질량 한계를 '찬드라세카르의 한계'라고 부른다. 그 당시 사람들이 받아들이기 어려웠던 블랙홀의 존재를 포함하고 있었기 때문에 찬드라세카르의 연구는 사람들의 주목을 받지 못하다가 1983년이 되어서야 인정받아 노벨 물리학상을 수상했다.

그의 이름에서 따온 찬드라세카르의 한계는 현대 우주론에서 핵심적인 역할을 하고 있다. 많은 경우 별들은 쌍성을 이루고 있다. 쌍성을 이루는 두 별 중 하나가 죽어 밀도가 높은 백색왜성이 되면 동반성으로부터 기체를 빨아들인다. 백색왜성의 질량이 찬드라세카르 한계에 이르면 불안정해서 폭발하는데 이런 별이 Ia형 초신성이다. Ia형 초신성은 거의 같은 연료를 가지고 폭발하기 때문에 밝기도 거의 같다. 그럼에도 어떤 초신성이 더 어둡게 보이는 것은 그 별까지의 거리가 멀기 때문이다. 따라서 Ia형 초신성을 우주에서 거리를 재는 '기준 촛대'로 사용해 아주 멀리 떨어져 있는 은하까지의 거리를 정확하게 측정할 수 있다. 1998년에 두 천문학 연구팀이 이 방법을 이용하여 우리 우주가 가속 팽창하고 있다는 것을 밝혀냈다(96쪽 참조).

2.7
우주 마이크로파 배경복사의 온도(K)

우주가 빅뱅과 함께 시작되었다는 이론은 모든 과학 이론 중에서 가장 유명한 이론이다. 빅뱅 이론은 대중문화에도 깊숙이 침투해 있으며, 유명한 텔레비전 프로그램 중 하나는 빅뱅 이론에서 이름을 따 명명되었다. 이런 유명세에도 불구하고 이 이론이 관측 결과를 통해 정당성을 인정받게 된 것은 겨우 50년밖에 안 된다.

빅뱅이라는 명칭은 이 이론을 가장 싫어했던 영국 요크셔 출신 천문학자 프레드 호일$^{Fred\ Hoyle,\ 1915\sim2001}$이 붙인 것이다. 1949년에 방송된 영국 BBC 라디오 프로그램에서 호일은 자신의 우주론이었던 '정상우주론'과의 차이를 설명하면서 조롱하는 뜻으로 빅뱅이라는 말을 사용했다. 정상우주론을 받아들였던 사람들은 우주가 영원히 존재한다고 믿었다. 이와는 달리 빅뱅이론은 우주가 과거 특정한 시점에 격렬한 팽창과 함께 시작되었다고 설명하고 있다. 이처럼 경쟁하는 여러 과학이론 중에서 하나를 선택할 수 있도록 하는 것은 실험결과이다.

격렬한 시작이 있었다는 증거

빅뱅 이론은 천문학자들이 대형 망원경으로 먼 우주를 관측하기 시작한 20세기 초부터 싹을 틔웠다. 희미하게 보이던 성운들이 우리 은하 바깥에 있는 또 다른 은하인 '섬 우주'라는 것이 관측을 통해 밝혀졌다. 그리고 이런 은하들은 우리로부터 멀어지고 있다는 것을 알게 되었다. 1931년 벨기에의 신부이며 천문학자였던 조르주 르메트르$^{Georges\ Lemaitre}$는 이러한 팽창은 과거에 은하들이 한 곳에 모여 있었다는 것을 의미한다고 생각했다. 그는 우주의 모든 물질이 '하나의 양자' 안에 모여 있던 시기가 있었다고 제안했다. 호일은 후에 이런 생각을 빅뱅이론이라고 불렀다.

밀도가 매우 높았던 우주 초기에는 온도가 매우 높아 원자들이 존재할 수 없었을 것이다. 또한 온도가 너무 높아 심지어는 양성자나 중성자도 존재할 수 없었다. 따라서 처음 수백만분의 1초 동안 우주에는 쿼크와 전자를 포함한 경입자들만 존재했다. 우주가 팽창하면서 온도가 내려가자 강한 핵력이 쿼크들을 결합시켜 양성자와 중성자를 만들 수 있었다. 그러나 아직 양성자가 전자들을 붙잡아두기에는 온도가 너무 높았다. 또 전자들을 전자기력으로 원자핵에 붙잡아두기에는 전자의 에너지가 너무 컸다. 우주 모델에 의하면, 우주가 팽창하여 전자가 원자핵과 결합할 수 있는 온도까지 내려가는 데는 38만 년이 걸렸다. 여기에 정상우주론을 패배시킨 결정적인 증거가 있었다.

▲ 프레드 호일(위), 아노 펜지어스(아래 우측)와 로버트 윌슨(아래 좌측).

전자가 원자핵과 결합하여 중성원자를 형성하기 전에는 우주를 가득 채우고 있던 입자들이 포톤의 이동을 방해했다. 포톤은 입자들과 부딪치기 전에 아주 짧은 거리밖에 이동할 수 없었다. 우주에 가득했던 전자들이 원자핵과 결합하여 사라지자 이제 포톤이 아무런 방해를 받지 않고 빛의 속도로 우주를 달릴 수 있게 되었다. 우주는 빛보다 더 빠른 속도로 팽창을 계속했다(이것은 빛보다 더 빠른 속도로 달릴 수 없다는 상대성이론에 어긋나는 것처럼 보인다. 그러나 빛보다 더 빨리 달릴 수 없는 것은 공간을 통해 물체가 달릴 때만 적용된다. 공간 자체가 팽창하는 속도에는 이런 제약이 없다). 이 우주 초기의 포톤이 팽창하는 우주 안에서 계속 달리고 있다.

빅뱅의 메아리

빅뱅 이론이 옳다면 오늘날에도 우주의 나이가 38만 년이 되었을 때 우주 공간을 달리기 시작한 포톤을 관측할 수 있어야 한다. 계속된 우주의 팽창은 포톤의 에너지를 많이 빼앗아갔기 때문에 우주 초기에 남겨진 포톤은 현재 마이크로파가 되어 있을 것이다. 우주의 모든 방향에서 발견되고 파장이 마이크로파이기 때문에 이 복사선을 우주 마이크로파 배경복사(CMB)라고 부른다. 우주 마이크로파 배경복사의 존재는 1946년에 로버트 디키Robert Dicke와 조지 가모브George Gamow가 예측했다. 우주 마이크로파 배경복사의 발견은 빅뱅 이론의 승리를 위한 축포가 되고, 정상우주론에는 조포가 될 것이었다.

▲ 펜지어스와 윌슨이 우주 마이크로파 배경복사(CMB)를 발견하는 데 사용했던 미국 뉴저지 주에 있는 호른 모양의 전파 안테나.

우주 마이크로파 배경복사는 1960년대에 미국의 아노 펜지어스Arno Penzias, 1933~와 로버트 윌슨Robert Wilson, 1936~가 우연히 발견했다.

그들은 미국 뉴저지에서 대기 중에 높이 올려놓은 통신용 풍선이 반사하는 전파를 수신하기 위해 설계된 전파망원경을 이용한 실험을 하고 있었다. 그들은 모든 전파 잡음을 제거하여 시스템을 초기화하려고 노력했지만 한 종류의 잡음이 없어지지 않아 어려움을 겪었다. 그들은 이 귀찮은 잡음이 사람이 만든 기술에 의한 것이나 지구, 태양 또는 우리 은하에서 오는 것이 아니라는 것을 알게 되었다. 혹시 망원경에 둥지를 틀고 있던 비둘기의 배설물로 인한 잡음 발생이 아닌지 의심했던 그들은 비둘기를 쫓아내고 배설물을 깨끗이 닦아내는 등 노력했지만 잡음은 사라지지 않았다. 펜지어스와 윌슨은 이 귀찮은 잡음이 사실은 우주 마이크로파 배경복사였음을 알지 못했던 것이다. 그들은 통신용 풍선에서 오는 신호를 찾고 있었지만 그들이 발견한 것은 빅뱅의 메아리였다.

그들이 발견한 것의 중요성을 알아차린 이는 디키였지만 그의 중요한 역할에도 불구하고 우주 마이크로파 배경복사를 발견한 공로로

1978년 노벨 물리학상을 수상한 사람은 펜지어스와 윌슨이었다.

우주 마이크로파 배경복사 지도 작성

윌킨슨 마이크로파 비등방성 관측위성(WMAP)이나 플랑크 망원경과 같은 우주에 설치한 관측 장비들을 이용하여 천문학자들은 우주 마이크로파 배경복사를 정밀하게 측정했다. 그들은 우주 마이크로파 배경복사의 온도가 2.7K라는 것을 알아냈다. 우주배경복사는 우주의 모든 곳에 있기 때문에 이 온도는 우주 공간의 온도다. 은하 사이의 공간도 이 온도로 희미하게 빛나고 있다.

우주배경복사의 온도는 지역에 따라 2.7K에서 약간의 차이를 보이지만 그 차이는 10만분의 1를 넘지 않는다. 이는 초기 우주가 적은 밀도 차이를 가지고 있어서 온도가 약간 높은 곳과 온도가 약간 낮은 곳을 가지고 있었음을 보여준다. 우주가 팽창하면서 밀도가 높던 점을 중심으로 물질이 모여들었다. 이것은 넓은 공간을 사이에 두고 은하들이 모여 있는, 오늘날 우리가 보고 있는 우주의 구조를 설명할 수 있도록 해준다. 따라서 우주배경복사는 우주의 과거뿐만 아니라 현재의 형태를 이해하는 데도 핵심 역할을 한다.

▼ NASA의 WMAP 위성을 이용하여 9년 동안 측정한 자료로 작성한 우주 마이크로파 배경복사 지도.

2.71···

오일러의 수

스위스의 수학자 레온하르트 오일러^{Leonhard Euler, 1707~1783}의 이름을 따서 오일러의 수라고 부르는 이 수는 기호 'e'로 나타낸다. 그러나 이 기호는 오일러의 이름에서 따온 것이 아니라 지수함수를 뜻하는 영어 단어 exponential의 첫 글자다. 오일러의 수는 성장(감소)하는 과정의 성장률을 나타내는 수로, 무리수다. 따라서 오일러의 수는 분수로 나타낼 수 없으며 소수점 아래 있는 숫자의 개수가 무한대다.

물리학에서 e는 방사성붕괴를 나타낼 때 사용된다. 일정한 시간이 지난 다음에 얼마나 많은 방사성 동위원소가 남아 있는지를 나타내는 식에 e가 포함되어 있다. 어떤 방사성 동위원소가 붕괴되지 않은 채 남아 있는 평균 시간은 전체 방사성 동위원소의 $1/e$ (0.368···)가 붕괴되지 않고 남아 있는 시간과 같다.

오일러의 수는 지구를 포함해 행성 표면으로부터 높이가 높아짐에 따라 행성의 대기 압력이 낮아지는 것을 나타낼 때도 사용된다. 대기의 압력은 고도가 1000m 높아질 때마다 12%씩 낮아진다. '스케일 높이'는 대기의 압력이 행성 표면 대기압의 $1/e$로 떨어지는 높이를 나타낸다. 지구는 290K에서 스케일 높이가 8500m다.

마지막으로 오일러의 수는 이자율을 복리로 계산할 때도 사용된다. 5%의 이자율로 100원을 투자했을 때 1년이 지난 시점의 가치는 $1 \times e^{0.005}$, 즉 105.13원이 된다. 이것은 단리로 계산했을 때보다 0.13원이 더 많은 금액이다.

▲ 스위스 수학자 레온하르트 오일러는 지수함수적으로 성장하거나 붕괴하는 과정을 나타내는 수에 자신의 이름을 남겼다.

3

중성미자의 가짓수

1930년에 제안되고 1942년에 처음 발견된 중성미자는 아주 작은 입자다. 중성미자를 나타내는 영어 단어 neutrino는 작은 중성 입자라는 뜻의 이탈리아어에서 유래했다. 중성미자는 우주에 아주 많이 존재하는 입자다. 엄지손톱 정도의 면적을 매초 통과하는 중성미자의 수가 지구 상에 살고 있는 인구수보다 많다.

그러나 중성미자는 물질과 상호작용을 거의 하지 않는다. 우리 몸을 통과하고 있는 수많은 중성미자를 우리가 느끼지 못하고 있는 것은 중성미자가 보통 물질과 거의 상호작용을 하지 않는다는 것을 나타낸다. 중성미자는 물질과 상호작용하지 않아 물질을 쉽게 통과할 수 있기 때문에 중성미자가 1광년(9.46×10^{15}m) 두께의 납을 통과할 확률도 50%나 된다.

현재 우리 몸을 통과하고 있는 중성미자가 만들어지는 곳은 주로 태양 내부다. 중성미자는 태양의 핵에서 일어나고 있는 핵융합 반응의 부산물로, 두 개의 양성자가 융합하여 중수소 원자핵을 만들 때 생성된다(48쪽 참조). 현재 태양에서 만들어진 중성미자 일부가 지구에 설치한 중성미자 검출기에서 검출되고 있지만 2002년까지도 중성미자는 과학자들에게 커다란 수수께끼를 안겨주었다. 태양으로부터 오고 있는 중성미자의 수가 이론적으로 예측한 수의 3분의 1밖에 안 되었던 것이다. 과학자들은 중성미자가 한 종류가 아니라 전자 중성미자, 뮤온 중성미자 그리고 타우 중성미자의 세 종류가 있다는 것을 알아냈다. 그리고 중성미자들은 상호 변환이 가능하다는 것도 알아냈다. 초기에 만들어진 중성미자 검출기는 한 종류의 중성미자만 검출할 수 있었기 때문에 다른 두 종류의 중성미자의 존재를 알지 못했던 것이다.

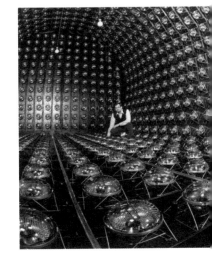

▼ 기술자가 미국 뉴멕시코 로스앨러모스 국립 연구소에 설치된 중성미자 검출기를 점검하고 있다.

3

뉴턴역학의 운동 법칙의 개수

중력 법칙과 함께 세 가지 운동 법칙은 아이작 뉴턴[Isaac Newton, 1642~1727]이 제안한 가장 널리 알려진 물리법칙이다. 1687년에 처음 출판되어 인류 역사에 큰 영향을 끼친 《프린키피아》(112쪽 참조)에 포함된 운동 법칙은 힘과 운동의 관계를 설명하고 있다.

▲ 아이작 뉴턴이 1687년에 출판한 《프린키피아》에는 중력 법칙과 함께 세 개의 운동 법칙이 포함되어 있다.

뉴턴의 운동 제1법칙

외력이 작용하지 않으면 정지해 있던 물체는 계속 정지해 있고, 등속직선운동을 하던 물체는 계속 등속직선운동을 한다.

이 법칙은 '관성의 법칙'이라고도 부른다. 관성은 물체가 운동 상태 변화에 저항하는 성질이다.

뉴턴의 운동 제2법칙

물체에 힘이 작용하면 힘에 비례하고 질량에 반비례하는 가속도가 생긴다.

힘＝질량×가속도. 이것은 힘의 단위인 '뉴턴'을 정의한다. 1N은 질량이 1kg인 물체의 속도를 1초 동안 1m/s 변화하게 할 수 있는 힘이다.

뉴턴의 운동 제3법칙

모든 힘에는 크기가 같고 방향이 반대인 반작용이 있다.

이 법칙은 왜 물체가 물에 뜰 수 있는지를 설명해준다. 물체를 아래로 잡아당기는 지구의 중력(작용)은 물에 의해 작용하는 위 방향의 힘인 부력(반작용)과 평형을 이룬다. 이 법칙은 또한 우리가 바닥을 뚫고 아래로 떨어지지 않는 것도 설명해준다. 아래 방향으로 작용하는 중력은 바닥의 저항력인 '수직항력'과 균형을 이룬다.

3.14···

원주율(π)

원주율(π)은 원의 지름과 둘레의 비율이다. 지름이 1m인 원의 둘레는 약 3.14m다. 파이는 분수로 나타낼 수 없는 무리수다. 파이와 가장 가까운 값을 가지는 분수는 $\frac{355}{113}$ 이다. 이 분수의 소수점 아래 여섯 자리는 파이와 같다. 원주율을 소수점 아래 열째 자리까지 나타내면 3.1415926536이다. 현대의 슈퍼컴퓨터는 파이의 값을 소수점 아래 10조 자리까지 계산할 수 있다.

수천 년 전부터 알려진 파이는 원에서만 나타나는 것이 아니라 모든 물리학 식에 포함되어 있으며 수정된 플랑크상수에도 포함되어 있다. 보통 기호 'h'로 나타내는 플랑크상수는 양자물리학에서 핵심적인 역할을 하고 있다(12쪽 참조). 그러나 플랑크상수는 파이와 함께 물리학 식들에 자주 등장하기 때문에 물리학자들은 방정식에 플랑크상수를 2π로 나눈 값으로 '$\hbar$'라는 기호로 나타내는 '축소된 형태의 플랑크상수'를 자주 사용한다.

다음에는 이 책에 수록된 수들 중에서 π를 포함하고 있는 수들이다. 이 수들은 양자역학, 전자기학, 천체물리학 등 물리학의 여러 분야에서 사용되는 수들이다.

▶ 플랑크 시간(10쪽), 플랑크 길이(11쪽)   ▶ 자유공간의 투자율(39쪽)

▶ 보어 반지름(27쪽)   ▶ 슈테판-볼츠만상수(36쪽)

▶ 미세구조상수(50쪽)

둘레 · 지름 · 반지름

▲ 원의 둘레와 지름의 비인 파이는 중요한 물리학 방정식에도 포함되어 있다.

4

자연에 존재하는 기본적인 힘

자연에는 다른 거리에서 다른 세기로 작용하는 네 가지 기본적인 힘이 있다. 마찰력과 같은 힘들은 이 네 힘에 바탕을 두고 있기 때문에 이것들을 기본적인 힘이라고 한다. 어떤 힘은 원자 크기에서만 작용하는 반면 다른 힘은 무한대까지 작용한다. 모든 힘들은 보존이라는 입자들을 매개로 작용한다. 빅뱅 시기에는 네 가지 기본적인 힘이 하나로 통일되어 있다가 우주가 팽창하면서 온도가 내려가자 네 가지 힘으로 분화되었을 것으로 믿고 있다. 네 가지 힘을 통일한 이론을 만능 이론(TOE)이라고 한다.

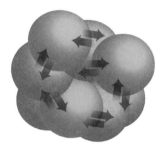

▲ 원자핵을 구성하고 있는 양전하를 띠고 있는 양성자들은 전기적으로 반발한다. 그러나 강한 핵력으로 인해 이러한 전기적 반발력을 이겨낼 수 있다.

강한 핵력

상대적 세기 **1**	도달거리 **10^{-15}m**	보존 **글루온**

이 힘은 원자핵의 핵자들을 결합시키는 힘이다.

양성자와 중성자를 구성하는 세 개의 쿼크 중 두 개는 같은 전하를 가지고 있어 전기적으로 반발한다. 그러나 강학 핵력은 전자기력보다 137배가 강하기 때문에 쿼크들을 결합시켜 양성자와 중성자를 만들 수 있다. 이것은 양성자들로 이루어진 원자핵의 경우에도 마찬가지다. 물리학자들이 '색깔 전하'라고 부르는 것을 가지고 있는 입자들에만 강한 핵력이 작용하며 전자와 같이 색깔 전하를 가지고 있지 않은 입자에는 강한 핵력이 작용하지 않는다.

전자기력

상대적 세기 **1/137**　　　도달거리 **무한대**　　　보존 **포톤**

중력과 함께 전자기력은 우리가 일상생활에서 경험할 수 있는 기본적인 힘이다. 전기력과 자기력이 같은 힘의 다른 면이라는 것을 알아낸 사람은 1873년의 제임스 클러크 맥스웰James Clerk Maxwell이었다. 1905년 아인슈타인이 광전효과를 연구하는 과정에서 발견된 포톤은 질량을 가지고 있지 않다(47쪽 참조). 큰 에너지에서 전자기력은 약한 핵력과 통합되어 전기약력이 된다.

약한 핵력

상대적 크기 **10⁻⁶**　　　도달거리 **10⁻¹⁸m**　　　보존 W^+, W^-, Z

이 힘을 약한 힘이라고 부르는 것은 이 힘의 세기가 강한 핵력 세기의 100만분의 1밖에 안 되기 때문이다. 그러나 약한 핵력은 중력보다는 수백만 배 더 강하다. 약한 핵력의 존재는 방사성붕괴를 연구하는 과정에서 알게 되었다. 방사성붕괴 과정에서 약한 핵력은 핵심적인 역할을 한다. 예를 들어 베타(β)붕괴에서는 약한 핵력이 중성자를 양성자와 전자 그리고 반중성미자로 전환시킨다. 전자와 반중성미자로 붕괴하는 것은 '가상적인' W^- 보존이다. 이 과정에서 방출된 전자는 빠른 속도로 달리기 때문에 이 방사선은 매우 위험하다. 그러나 잘 제어하면 특정 암 치료와 같은 유용한 목적으로 사용할 수도 있다.

중력

상대 세기 **6 × 10⁻³⁹**　　　도달거리 **무한대**　　　보존 **(그래비톤)**

중력은 네 가지 기본적인 힘들 중에서 가장 특이한 힘이다. 여느 힘들과는 다른 방법으로 작용하는 것처럼 보이며 예를 들면 다른 세 힘에 비해 세기가 아주 약하다. 그 이유에 대해서는 아직도 논란이 진행 중이다(158쪽 참조). 다른 세 가지 힘이 확인된 보존을 가지고 있는 것과 달리 중력의 작용에 관여하는 그래비톤은 아직 발견되지 않았다. 현재 물리학자들은 양자물리학 체계 안에 중력을 포함시키지 못하고 있다. 중력을 양자 세계에 편입시키기 위해 끈 이론을 포함한 많은 시도가 있었지만 아직 성공하지 못하고 있다(76쪽 참조).

4

시공간의 차원

　일상생활에서 공간과 시간은 서로 다른 것처럼 보인다. 공간에서 우리가 움직일 수 있는 방법은 위아래, 좌우, 앞뒤의 세 가지 방향이 있다. 지구에서의 위치를 정확하게 알려주고 싶으면 위도(적도에서 얼마나 떨어져 있는지), 경도(그리니치를 지나는 본초자오선에서 얼마나 떨어져 있는지), 그리고 고도(해수면으로부터 얼마나 높이 있는지)를 말해주면 된다. 그러나 시간이 얼마인지를 말하기 위해서는 하나의 좌표축만 있으면 된다.

　시간은 방향을 가지고 있는 것처럼 보인다. 시간은 항상 과거에서 미래로만 흐른다. 공간에서는 뒤로 돌아갈 수 있지만 시간에선 그럴 수 없다. 그러나 우리는 전혀 다른 것처럼 보이는 공간과 시간이 4차원 시공간의 다른 면이라는 것을 알게 되었다.

▲ 헤르만 민코프스키가 아인슈타인의 특수상대성이론을 이야기하면서 시공간이라는 말을 처음 사용했다.

타임 워프

　이전에도 시간과 공간을 결합시키려는 시도가 있었지만 성공적으로 결합한 사람은 상대성이론을 제안한 알베르트 아인슈타인이었다. 시공간이라는 말은 1908년에 헤르만 민코프스키Hermann Minkowski, 1864~1909가 1905년에 아인슈타인이 제안한 특수상대성이론에 대해 토론하면서 처음 사용했다. 아인슈타인이 1915년에 발표한 일반상대성이론은 중력이 두 물체 사이에 작용하는 신비한 원격작용 때문이 아니라 질량으로 휘어진 시공간에 의해 작용한다는 것을 밝혀냈다. 휘어진 시공간을 설명하는 전통적인 방법은 팽팽하게 잡아당긴 고무판 위에 태양과 같은 큰 질량을 대신하는 볼링공을 얹어놓았을 때 고무판이 늘어나는 것을 상상하는 것이다. 볼링공을 얹어놓은 고무판은 가운데가 움푹 들어가게 된다. 조약돌처럼 질량이 작은 물체를 이 '중력 우물' 가장자리에서 빠르게 회전시키면 조약돌이 볼링공 주변의 궤도에서 볼링공을 돌 것이다. 아인슈타인은 중력을 질량에 의해 휘어진 공간의 작용이라고 설명한 것이다. 아인슈타인의 새로운 중력이론은 오랫동안 설명할 수 없었던 수성의 근일점 이동을 설명할 수 있게 했고, 1919년에 있었던 일식 관측을 통해 확인되었다(92쪽 참조).

질량에 의한 시공간의 휘어짐은 공간뿐만 아니라 시간에도 영향을 준다. 아인슈타인의 연구는 중력 우물의 어디에 있느냐에 따라 시간도 다르게 흘러간다는 것을 보여주었다. 이것은 한 실험실에서 높이가 다른 선반 위에 얹어놓은 고도로 정밀한 원자시계들의 시간이 일치하지 않음을 뜻한다. 낮은 선반에 놓여 있는 시계는 지구 중력의 영향을 더 많이 받으므로 높은 선반에 놓여 있는 시계보다 천천히 간다. 이것은 또한 지구궤도를 돌고 있는 인공위성의 시계가 지상의 시계보다 빨리 간다는 것을 뜻한다. 이러한 차이를 감안하지 않으면 GPS는 제대로 작동하지 않는다(90쪽 참조).

좀 더 극단적인 경우에는 시간이 거의 멈춘 것처럼 천천히 흐르는 경우도 생각해볼 수 있다. 물체가 블랙홀에 접근하는 것을 관찰한다면 실제로 이런 일이 일어날 것이다. 블랙홀은 질량이 큰 천체로 중력이 강해서 빛마저도 탈출할 수 없는 천체다.

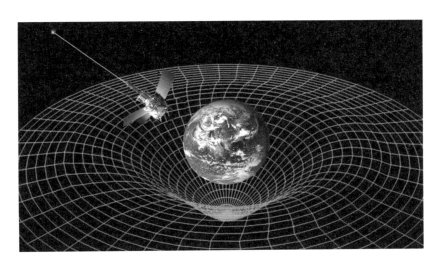

◀ 지구궤도를 돌고 있는 인공위성 속 시계는 지구 중력의 영향을 약하게 받기 때문에 지상에 있는 시계보다 빨리 간다.

4.186

열의 일당량

우리는 칼로리(열량)라는 말을 매일 빠짐없이 듣고 있다. 텔레비전, 신문, 잡지 또는 음식물 포장지에서 열량 단위인 칼로리라는 말을 쉽게 발견할 수 있다. 칼로리라는 단위는 두 가지 의미를 가지고 있어 영양과 관련된 일을 하는 사람들을 혼란스럽게 만든다. 첫 글자가 소문자인 칼로리(cal, 소칼로리)는 물 1g을 1℃ 높이는 데 필요한 열량을 나타낸다. 그러나 첫 글자가 대문자인 칼로리(Cal, 대칼로리)는 1kg의 물을 1℃ 높이는 데 필요한 열량을 나타낸다. 따라서 1Cal는 1000cal에 해당한다. 이런 혼란을 피하기 위해 Cal 대신 kcal라는 단위를 사용하기도 한다.

문제를 더 복잡하게 만드는 것은 과학에서는 열량을 다른 단위를 이용해서 나타내기도 한다는 것이다. 열역학에서 가장 널리 사용되는 cal라는 단위는 4.186J의 에너지를 나타낸다. 1J은 1N의 힘으로 물체를 1m 이동시키는 데 필요한 에너지를 뜻하는 에너지의 단위로 cal라는 단위보다 더 널리 사용된다.

물체의 온도를 1℃ 높이는 데 필요한 열량을 그 물체의 '비열'이라고 한다. 물의 비열은 4.186 kJ/kg℃이다. 물의 비열은 다른 모든 물질의 비열보다 크다. 바닷물이 태양으로부터 받은 에너지를 많이 저장할 수 있는 것은 이 때문이다.

▲ 에너지의 단위인 줄(J)은 영국 물리학자 제임스 줄(James Joule, 1818~1889)의 이름을 따서 명명되었다. 그는 온도를 정하기 위해 켈빈과 함께 일하기도 했다.

4.23

가장 가까운 별까지의 거리(광년)

지구 상에서 생활하는 데는 사람 몸의 크기와 비슷한 길이를 나타내는 미터(m)라는 단위가 편리하다. 사람들의 키는 대개 1.5m에서 2m 사이이기 때문이다. 그러나 137억 년인 우주의 나이를 초를 이용해 나타내는 것이 적당하지 않듯이 별 사이의 거리를 미터(m)나 킬로미터(km)를 이용하여 나타내는 것도 매우 번거롭고 적당하지 않다.

따라서 천문학자들은 광년이라는 새로운 단위를 정의하여 사용하고 있다. 언뜻 듣기에는 시간의 단위처럼 들리지만 1광년은 빛이 1년 동안 달리는 거리를 나타낸다. 299,792,458m/s의 속도로 달리는 빛이 1년 동안 달리는 거리는 9.46×10^{15}m다. 지구(또는 태양)에서 가장 가까운 별 프록시마켄타우리는 4.23광년 떨어져 있다. 즉 이 별에서 출발한 빛이 우리에게 도달하는 데는 4.23년이 걸린다.

우주에서 빛이 가장 빠르기 때문에 이 별로부터 어떤 신호도 4.23년보다 빠르게 우리에게 도달할 수 없다. 현재까지 우리가 개발한 가장 빠른 로켓을 타고 이 거리를 여행하는 데는 약 6만 년이 걸릴 것이다. 달까지 가는 데 3일이 걸리고 화성까지 가는 데 6개월이 걸리는 것과 비교해보면 이 별이 얼마나 멀리 떨어져 있는지 실감할 것이다.

▲ 태양 다음으로 우리에게 가까이 있는 별 프록시마켄타우리까지 여행하는 데는 최신의 로켓을 사용해도 약 6만 년이 걸릴 것이다.

6

고대인들에게 알려졌던 행성의 수

망원경이 발견되기 수천 년 전에 이미 사람들은 지구 외에도 다섯 개의 행성에 대해 알고 있었다.

지구가 태양을 돌고 있기 때문에 계절에 따라 밤하늘에 보이는 별자리가 달라진다. 그러나 별자리는 전체가 같이 움직이므로 해마다 보는 별자리의 모양은 변하지 않는다. 고대 그리스인을 비롯해 고대인들은 태양과 달 그리고 다섯 개의 행성이 별자리 사이를 이동하는 '떠돌이별'이라는 것을 알고 있었다.

그리스인들은 떠돌이별을 'asteres planhtai'라고 불렀는데 이것이 행성을 뜻하는 영어 단어 'planet'이 되었다. 이 행성들이 수성, 금성, 화성, 목성, 토성이다. 토성은 1781년 3월 13일 윌리엄 허셜^{William Herschel, 1738~1822}이 영국 배스에서 망원경을 이용하여 천왕성을 발견할 때까지 태양에서 가장 멀리 있는 행성이었다. 토성보다 태양으로부터 두 배나 더 먼 거리에서 태양을 돌고 있는 천왕성의 발견으로 태양계의 크기는 두 배로 커졌다.

천왕성의 운동을 관찰한 천문학자들은 천왕성의 속도가 일정하지 않고 빨라졌다 느려졌다 한다는 것을 알게 되었다. 따라서 천왕성 바깥쪽에 여덟 번째 행성이 있고 이 행성이 천왕성의 운동에 영향을 준다고 추정하게 되었다. 1846년 망원경을 이용하여 이론적으로 예측했던 지점을 관측한 천문학자들은 해왕성을 발견할 수 있었다. 1930년에 발견된 아홉 번째 행성인 명왕성은 해왕성의 궤도를 가로지른다는 이유로 2006년에 '왜소 행성'으로 재분류되었다.

▲ 윌리엄 허셜은 1781년에 천왕성을 발견하여 태양계의 크기를 두 배로 확장시켰다.

8.314

이상기체 상수(J/mK)

물리학에서는 복잡한 문제를 좀 더 간단하고 다루기 쉬운 모형을 이용하여 분석하는 방법이 오랫동안 사용되어왔다. 세밀한 내용을 알 필요가 없을 때에는 이런 방법이 더 효과적이다. 기체의 단순한 모형이라고 할 수 있는 이상기체는 그런 좋은 예다.

기체는 끊임없이 운동하면서 용기의 벽과 충돌하거나 상호 충돌하는 분자들로 이루어져 있다. 압력은 이런 충돌의 결과다. 이상기체 분자들은 항상 직선운동을 하는 당구공처럼 생각할 수 있다. 단단한 기체 분자들은 다른 분자들과 충돌하거나 용기의 벽과 충돌할 때 속도가 줄어들지 않는다. 이런 충돌을 물리학에서는 완전탄성충돌이라고 한다. 이상기체에서는 분자들 사이에 탄성충돌 외에 다른 상호작용은 없는 것으로 가정한다.

이상기체의 이러한 이상적인 행동 때문에 과학자들은 압력과 부피 그리고 온도 사이에 어떤 관계가 있는지 알아낼 수 있다. 기체상수는 이상기체의 온도와 압력 그리고 부피 사이의 관계를 나타내는 이상기체 상태방정식에서 이들 세 가지 양과 분자의 수를 연결해주는 역할을 한다. 1몰의 기체에는 아보가드로수와 같은 수의 분자가 포함되어 있다(149쪽 참조).

이상기체 모형은 일상생활에서 경험하는 기체들에서는 잘 작용된다. 그러나 온도나 압력이 크게 달라지면 더 이상 적용되지 않는다. 그 이유 중 하나가 기체 분자들이 반데르발스 힘이라고 부르는 충돌 이외의 상호작용을 하기 때문이다.

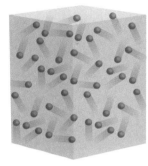

▲ 이상기체 분자들은 직선운동을 하고 있으며 용기의 벽이나 다른 입자들과 충돌해도 속도가 줄어들지 않는다.

9.81
중력가속도(m/s²)

출처가 확실하지 않은 과학사 책에 의하면, 갈릴레이는 피사의 사탑에서 포탄을 떨어뜨리는 실험을 했고, 뉴턴은 떨어지는 사과에 머리를 맞았다고 한다. 이런 일들이 실제로 있었는지는 알 수 없지만 갈릴레이가 낙하하는 물체에 대한 연구를 한 것은 틀림없다.

이탈리아의 천문학자 겸 수학자였던 갈릴레이는 지구의 중심을 향해 낙하하는 물체는 같은 속도로 떨어진다고 주장했다. 물체의 무게나 모양은 낙하 가속도에 영향을 주지 않기 때문에 코끼리와 포탄, 깃털은 같은 가속도로 떨어진다. 하지만 지구 상에서는 공기의 저항력이 작용하기 때문에 더 큰 공기저항이 작용하는 깃털은 천천히 떨어지지만 포탄은 빠르게 낙하한다. 그러나 진공 중에서는 갈릴레이의 주장이 사실이다.

1971년 아폴로 15호의 승무원이었던 데이비드 스콧^{David Scott}이 달 표면에서의 실험을 통해 갈릴레이의 주장이 사실임을 생생하게 보여주었다. 달에는 이들 운동에 영향을 줄 공기가 없기 때문에 같은 높이에서 망치와 깃털을 떨어뜨리자 망치와 깃털은 동시에 달 표면에 도달했다.

지구 해수면 높이에서의 중력가속도는 $9.80665\,\mathrm{m/s^2}$로 정의되었지만 실제로는 지역에 따라 조금씩 달라진다. 어떤 지역의 중력가속도는 그 지역 지하에 얼마나 많은 질량이 있는지 그리고 지구 중심으로부터 얼마나 멀리 떨어져 있는지에 따라 달라진다. 해구나 산의 위치에 따라 지각의 밀도가 달라지기 때문에 중력의 문제는 생각보다 복잡하다. 복잡한 지구의 중력 지도가 유럽항공국이 발사한 중력장 및 정상 해류 탐사 위성(GOCE)과 같은 위성을 이용한 탐사를 통해 작성

▲ 이탈리아 천문학자 갈릴레오 갈릴레이(Galileo Galilei, 1564~1642)는 망원경을 이용하여 우주에 대한 우리의 이해를 혁명적으로 변화시켰고, 낙하하는 물체에 대한 이론을 확립했다.

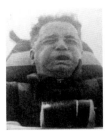

▲ 존 스태프(John Stapp, 1901~1999) 대령은 로켓으로 추진된 연구용 썰매를 이용한 실험에서 지구 중력가속도의 22배나 되는 22g까지 견뎌냈다.

되었다. GOCE를 이용한 탐사 프로젝트는 2013년에 종료되었다.

무게

일상생활에서 우리는 질량과 '무게'라는 용어를 구별하지 않고 사용하지만 물리학에서의 무게는 질량과 다른 의미를 가지고 있는 물리량이다. 우리의 몸무게는 중력이 얼마나 세게 우리를 잡아당기고 있는지를 나타낸다. 그러나 질량은 우리를 만들고 있는 물질의 양을 나타내는 것이어서 중력의 세기에 따라 달라지는 양이 아니다. 몸무게는 힘이기 때문에 뉴턴(N)이라는 단위를 이용하지만 질량은 kg이라는 단위를 이용한다. 무게를 계산하기 위해서는 질량에 중력가속도를 곱해야 한다. 예를 들어 질량이 70kg인 사람의 몸무게는 70×9.80665=686.5N이다. 이 사람이 에베레스트 산에 올라간다면 몸무게는 조금 줄어들 것이다. 고도가 약 9000m인 에베레스트 산 정상에서의 중력가속도는 약 9.11m/s²이다. 따라서 에베레스트 산 정상에서 질량이 70kg인 사람의 몸무게는 약 684.6N이다. 그러나 이 사람의 질량은 변하지 않는다.

롤러코스터, 전투기 조종사, 경주용 자동차 선수 이야기를 할 때 자주 'g-포스'라는 용어를 사용한다. 빠르게 가속되고 있는 경우 바닥을 향해 작용하는 힘을 느낄 수 있어 몸무게가 무거워지는 느낌을 받는데 이때 사람들이 경험하는 가속도가 중력가속도의 몇 배인지를 나타낸 것이 'g-포스'다. 전투기 조종사는 12g까지의 가속도를 경험한다. 따라서 이들은 이런 큰 힘에 몸을 적응하기 위해 특별한 훈련을 받는다.

▼ 이탈리아의 피사의 사탑. 갈릴레이는 피사의 사탑에서 포탄 낙하 실험을 했다고 전해지지만 실제로 그런 실험을 했는지는 알 수 없다.

11

M이론에서 제안한 차원의 수

많은 이론물리학자들의 궁극적인 목표는 기본 입자부터 우주에 이르기까지 자연에서 발견되는 모든 현상을 설명할 수 있는 하나의 통일된 이론을 발견하는 것이다. 그런 이론은 네 가지 기본적인 힘을 통일할 수 있어야 할 것이다(66쪽 참조). 전자기적 상호작용과 약한상호작용은 이미 전약 이론electroweak theory으로 통합되었다. 높은 에너지에서는 두 상호작용이 하나의 상호작용으로 통합된다. 우주의 나이가 1플랑크 시간(10쪽 참조) 정도 되었을 때는 강한 핵력도 전자기 약력과 통합되어 있었을 것으로 추정하고 있다. 그런데 중력은 이런 통합 노력에 잘 들어맞지 않는다.

중력을 다른 세 힘과 통합시키려는 노력은 무한대의 방정식과 만난다. 그러나 'M이론'은 중력과 다른 힘들을 통합하는 방법을 제안하고 있다. 끈 이론에 바탕을 두고 있는 M이론에서는 전자나 쿼크와 같은 입자들이 세상을 구성하고 있는 기본 입자들이 아니라고 주장한다. 대신 이 이론에서는 세상이 진동하는 작은 끈으로 이루어졌다고 설명한다. 바이올린의 줄이 다르게 진동하여 여러 음을 내는 것처럼 원자보다 작은 끈이 다른 방법으로 진동하여 여러 가지 입자들을 만들어낸다는 것이다.

이런 생각을 적용하면 중력과 다른 힘들을 통합하는 것이 가능하다. 방정식의 수가 무한대로 늘어나지도 않는다. 그러나 여기에도 문제가 있다. 이 이론과 관련된 수학은 자연이 11차원(10개의 공간 차원과 하나의 시간 차원)으로 이루어져 있을 때만 유효하다. 그것은 우리가 경험하고 있는 3차원 공간보다 7차원이 더 많다. 이 차원들은 어디에 숨어 있는 것일까? 왜 우리는 그런 차원을 경험할 수 없는 것일까?

숨겨진 차원

사라진 차원에 대한 설명 중 한 가지는 끈 이론이 등장하기 오래전에 제안되었다. 스웨덴의 물리학자 오스카르 클레인^{Oskar Klein}은 1920년대에 이와 비슷한 문제로 어려움을 겪었다. 독일의 수학자 테오도어 칼루차^{Theodor Kaluza}는 중력과 전자기력을 통일하려 시도하고

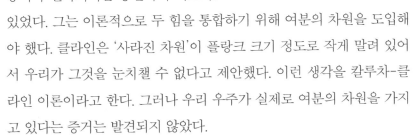

▲ 끈 이론이 사실이라면 기본적인 입자라고 생각했던 전자와 같은 입자는 진동하는 작은 끈으로 이루어져 있어야 한다.

있었다. 그는 이론적으로 두 힘을 통합하기 위해 여분의 차원을 도입해야 했다. 클라인은 '사라진 차원'이 플랑크 크기 정도로 작게 말려 있어서 우리가 그것을 눈치챌 수 없다고 제안했다. 이런 생각을 칼루차-클라인 이론이라고 한다. 그러나 우리 우주가 실제로 여분의 차원을 가지고 있다는 증거는 발견되지 않았다.

그런데 끈 이론이 제대로 작동하기 위해서는 11차원이 필요하다는 것이 알려지자 끈 이론을 연구하는 과학자들은 클라인과 같이 여분의 차원들이 아주 작은 크기로 말려 있어서 우리가 그것을 알 수 없다고 설명했다. 확실하지 않은 것은 여분의 차원이 실제로 존재하느냐 하는 것이다. 현재로서는 여분의 차원을 확인할 수 있는 실험이 없다. 따라서 상황이 녹록지 않다.

우리는 수많은 과학자들이 일생을 바쳐 연구해온 전능 이론을 이미 가지고 있는지도 모른다. 아니면 이 모든 것이 아름다운 수학적 환상에 지나지 않는지도 모른다. 그러나 현재도 자연에 존재하는 네 가지 기본적인 힘을 통일하기 위한 연구가 계속 진행되고 있다.

11.2

지구의 탈출속도(km/s)

우주 공간은 그리 멀지 않은 곳에 있다. 우리 머리 위에서 100 km 떨어진 곳에 있으며 이는 많은 사람들이 하루에 운전해 다니는 거리다. 그럼에도 우주 공간에 다녀온 사람은 500명 정도뿐이다. 지구의 중력 때문에 그곳에 도달하는 것이 무척 어렵기 때문이다.

지구의 중력에서 벗어나기 위해서는 지구 표면에서의 중력에 의한 위치에너지보다 더 큰 운동에너지가 필요하다. 이런 운동에너지를 가지기 위해서는 약 11 km/s의 속력이 필요하다. 이 속도는 더 이상의 에너지가 없어도 지구 중력을 벗어날 수 있는 속력이다. 기술적으로는 1 m/s의 속력으로도 우주 공간에 도달할 수 있다. 그러나 이 속력을 유지하기 위해서는 지구 중력에 의한 감속을 방지하기 위해 더 많은 에너지를 공급해야 한다. 하지만 탈출속도로 발사하면 중력에 의한 감속으로 정지하기 전에 지구 중력장을 벗어날 수 있다.

▲ 2009년 우주왕복선 엔데버호가 케네디 우주 센터에서 발사되고 있다.

대기 중에는 수소와 헬륨이 존재하지 않는다.

지구의 탈출속도는 왜 지구 대기에 수소와 헬륨이 포함되어 있지 않은지를 설명해준다. 수소와 헬륨은 모든 원소 중에서 가장 가벼운 원소들이어서 태양에서 오는 에너지만으로도 빠르게 가속시킬 수 있다. 일단 탈출속도보다 빠른 속도에 도달하면 이들은 우주 공간으로 달아나버린다. 다행히도 산소와 같은 무거운 원소들은 지구의 탈출속도에 도달하기가 매우 어려워 지구는 생명체를 유지할 수 있는 대기를 가질 수 있게 되었다. 지구 대기는 현재도 우주 공간으로 수소를 방출하고 있다. 물이 증발하여 대기 중으로 들어가면 자외선에 의해 산소와 수소로 분리된다. 지구의 탈출속도에 도달한 수소는 지금도 지구 중력권을 탈출하고 있다.

탈출속도는 천체의 질량에 의해서만 결정되고, 탈출하는 물체의 질량과는 무관하다. 따라서 태양계 내 다른 천체에서의 탈출속도는 그 천체의 질량에 의해 결정된다. 달의 탈출속도는 지구 탈출속도의 21%밖에 안 된다. 따라서 달에서는 적은 에너지로도 탈출이 가능하기 때문에 미래 우주기지로 적합하다. 달 기지에서는 지구에서처럼 많은 에너지를 사용하지 않고도 쉽게(따라서 적은 비용으로) 우주로 날아가거나 달 기지로 돌아와 보급품이나 연료를 보급받은 후 다시 우주로 날아갈 수도 있을 것이다.

반면 화성의 탈출속도는 달의 탈출속도의 거의 두 배(지구 탈출속도의 약 45%)이다. 이것은 인류가 화성에 발을 디디는 데 가장 큰 장애가 되고 있다. 화성을 탐사하기 위해 보낸 로버와 달리 사람은 다시 지구로 돌아와야 한다. 화성의 탈출속도를 얻는 데 필요한 장비를 화성에 가져가는 일은 쉬운 일이 아니어서 현재의 기술로는 가능하지 않다.

▼ 화성의 질량은 지구의 질량보다 작다. 따라서 화성의 탈출속도는 지구의 탈출속도의 45% 정도다. 그러나 화성의 탈출속도도 화성에서 지구로의 귀환을 어렵게 하고 있다.

태양계도 탈출속도를 가지고 있다. 혜성이나 소행성이 태양의 탈출속도인 617.5 km/s보다 더 빠른 속도로 가속되면 이런 천체들은 영원히 태양계를 떠난다.

블랙홀과 같이 질량이 큰 천체를 탈출하는 것은 불가능하다. 블랙홀의 탈출속도는 가장 빠른 속도인 빛의 속도보다 크다. 따라서 일단 블랙홀 안으로 들어가면 다시는 나올 수 없다.

22

사람 눈의 초점거리(mm)

눈은 사람의 몸 중 가장 복잡한 구조를 가지고 있는 기관이다. 또 생존을 위해서 매우 중요한 역할을 하기 때문에 지구 생명체들의 진화 역사를 통해 많은 생명체들이 독립적으로 눈을 진화시켜왔다. 생물학자들은 이를 수렴하는 진화라고 부른다.

카메라와 같은 눈

일반적으로 자연에는 열 가지 형태의 눈이 있는 것으로 알려져 있다.

사람의 눈은 '카메라 형태'의 눈이라고 부른다. 우리 눈이 받아들인 빛은 눈 뒤쪽의 망막 위에 초점이 맞추어진다. 이는 카메라

▼ 사람의 눈은 수정체를 이용하여 눈 뒤쪽에 있는 망막 위에 도립상을 만든다.

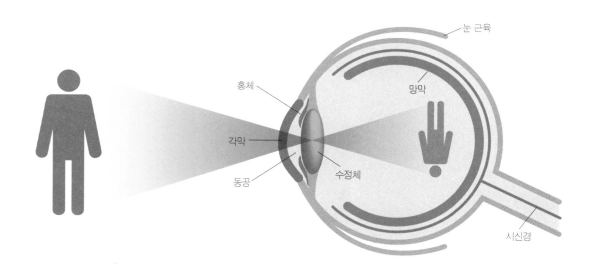

로 들어온 빛이 카메라의 CCD 칩 위에 초점을 맞추는 것과 같다. 빛은 눈 앞쪽에 있는 투명하고 얇은 각막을 통해 눈으로 들어온다. 각막의 굴절률은 1.38이다. 이것은 빛이 진공 중에서보다(또는 굴절률이 1.000293인 공기 중에서보다) 1.38배 느린 속도로 각막을 통과한다는 것을 뜻한다.

각막을 통과한 빛은 동공을 향해 휘어진다. 동공으로 들어온 빛은 모양체근으로 지지되는 수정체를 만난다. 수정체에 의해 초점이 맞추어진 빛은 젤리 같은 물질인 유리질을 통과한 다음 망막에 도달하게 된다.

빛에 민감한 막대세포와 원뿔세포에 의해 빛은 전기신호로 바뀌어 시신경을 통해 뇌로 전달된다. 뇌는 이 신호를 해석하여 우리가 무엇을 보고 있는지 알아낸다.

망원경, 카메라, 눈과 같은 모든 광학 장치는 '초점거리'라고 부르는 성질을 가지고 있다. 이것은 평행하게 입사한 빛이 한 점에 모이는 거리를 말한다. 이완된 눈의 초점거리는 약 22mm다. 광학 장치의 초점거리가 짧을수록 빛은 더 많이 굴절된다. 따라서 빛이 더 짧은 거리에 모이게 된다. 가까이 있는 물체를 볼 때는 모양체근이 느슨해져서 수정체가 두꺼워진다. 이렇게 되면 눈의 초점거리가 늘어난다. 멀리 있는 물체를 볼 때는 모양체근이 수축하여 수정체가 얇아지면서 초점거리가 줄어든다.

가까이 있는 물체와 멀리 있는 물체를 볼 때 빠르게 초점거리를 조절하는 능력을 '적응'이라고 한다. 의도적으로 이런 작용을 조절할 수도 있지만 대부분 반사적으로 매우 빠르게 일어난다. 젊고 건강한 눈은 0.3초 동안 무한대에 있는 물체에서 7cm 떨어져 있는 물체로 초점을 바꿀 수 있다.

근시와 원시

근시는 대개 눈동자가 길어 망막이 수정체로부터 너무 멀리 떨어져 있어 발생한다. 이런 경우에는 물체의 상이 망막 앞쪽에 맺히기 때문에 망막에는 흐릿한 상만 생긴다. 원시는 모양체근이 약해져서 수정체를 제대로 조절할 수 없는 노인들에게 자주 나타난다. 근시나 원시는 안경이나 콘택트렌즈를 이용하여 교정할 수 있다.

24

표준 모델에 포함된 기본 입자의 수

입자물리학의 표준 모델은 기본 입자의 구조와 강한상호작용, 약한 상호작용 그리고 전자기적 상호작용을 통한 이들 입자 사이의 상호 작용을 설명한다. 현재 표준 모델에는 24가지(12가지의 입자와 12가지의 반입자) 기본 입자들이 포함되어 있다. 기본 입자는 더 이상 쪼개지지 않는 가장 작은 입자를 말한다. 양성자는 쿼크로 이루어져 있으므로 기본 입자가 아니다.

전자와 양전자 전자는 (+)전하를 띤 원자핵과 결합하여 원자를 이루고 있다. 전자는 1897년 J. J. 톰슨에 의해 발견되었다. 전자의 반입자인 양전자는 1932년에 미국 물리학자 칼 앤더슨^{Carl Anderson}에 의해 발견되었다.

타우입자(반타우입자) 타우입자는 전자보다 약 3500배 더 무겁지만 전하는 전자와 마찬가지로 −1의 전하를 가지고 있다. 평균수명이 $2.9×10^{-13}$초인 타우입자는 입자가속기 내부와 같이 고에너지 상태에서만 관측할 수 있다. 1975년 미국의 물리학자 마틴 펄^{Martin Perl}이 발견했다.

뮤온(반뮤온) 1936년 칼 앤더슨에 의해 발견된 뮤온은 전자보다 약 200배 정도 더 무겁지만 전자와 같은 전하를 가지고 있으며, 평균수명은 2.2ms다.

전자 중성미자(반전자 중성미자) 전자 중성미자는 태양 내부에서 일어나는 핵융합 반응 때 만들어진다. 태양에서 만들어진 전자 중성미자의 3분의 1은 태양에서 지구까지 오는 동안 뮤온 중성미자와 타우 중성미자로 전환된다.

뮤온 중성미자(반뮤온 중성미자) 다른 모든 중성미자와 마찬가지로 뮤온 중성미자도 전기적으로 중성이다. 뮤온 중성미자는 1962년 미국 물리학자 리언 레더먼Leon Lederman, 멜빈 슈바르츠Melvin Schwartz 그리고 잭 슈타인베르거Jack Steinberger가 발견했다.

타우 중성미자(반타우 중성미자) 펄의 타우입자 발견은 타우 중성미자의 존재를 의미하는 것이었지만(전자와 뮤온이 각각 전자 중성미자와 뮤온 중성미자를 가지고 있는 것이 알려져 있었다), 실제로 타우 중성미자가 발견된 것은 2000년 7월에 미국 일리노이에 있는 페르미 연구소에서였다.

업 쿼크(반업 쿼크) 업 쿼크는 1964년에 처음 제안되고, 1968년에 발견되었다. 두 개의 업 쿼크와 하나의 다운 쿼크는 (+)전하를 띤 양성자를 만든다.

다운 쿼크(반다운 쿼크) 다운 쿼크는 업 쿼크가 발견된 해에 같은 연구팀이 발견했다. 중성자는 두 개의 다운 쿼크와 하나의 업 쿼크로 이루어졌다.

톱 쿼크(반톱 쿼크) 때로는 '진리truth' 쿼크라고 불리기도 하는 톱 쿼크는 업 쿼크와 마찬가지로 $+\frac{2}{3}$의 전하를 가지고 있다. 톱 쿼크가 붕괴하면 W 보존과 바텀 쿼크가 생성된다. 톱 쿼크는 1995년에 발견되었다.

바텀 쿼크(반바텀 쿼크) $-\frac{1}{3}$의 전하를 가지고 있는 바텀 쿼크는 양성자보다 네 배나 더 무겁다. 리언 레더먼이 이끄는 연구팀이 1977년에 발견했다.

스트렌지 쿼크(반스트렌지 쿼크) 공식적으로는 1968년에 발견되었지만 스트렌지 쿼크를 포함하고 있는 입자인 케이온은 1947년에 이미 발견되었다.

참 쿼크(반참 쿼크) 1974년에 두 연구팀이 독립적으로 J/ϕ 입자라고 불리는 중간자를 발견했다. 중간자는 하나의 입자와 하나의 반입자로 이루어져 있다. J/ϕ 중간자는 참 쿼크와 반참 쿼크로 이루어졌다. 이들의 실험을 통해 참 쿼크가 최초로 발견되었다.

26.8

우주에 포함된 암흑물질의 비율(%)

2013년 3월 유럽우주국 과학자들이 플랑크 망원경을 이용하여 지금까지 작성된 것 중에서 가장 정밀한 우주 마이크로파 배경복사(CMB) 지도를 작성했다(61쪽 참조). 2009년에 발사된 플랑크 망원경은 지구에서 150만 km 떨어진 곳에서 우주 초기에 만들어진 포톤을 측정하기 시작했다. 이전 관측에서 작성된 CMB 지도에 온도가 10만분의 1 정도 다른 지점들이 나타나 있었던 것을 플랑크 망원경으로 관측해 이런 점들의 크기와 위치를 훨씬 더 정확히 알 수 있게 되었다. 이런 온도 차이에는 보통 물질과 암흑물질의 비율에 대한 정

▼ 세계에서 가장 큰 중성미자 검출기인 아이스큐브 검출기는 물리학자들이 암흑물질을 찾아내는 데 이용되고 있다.

WIMPs 찾기

우리는 약하게 상호작용하는 무거운 입자(WIMPs)를 직접 관측할 수는 없지만 이들 사이의 상호작용을 통해 그 존재를 알 수 있다. 두 개의 WIMPs가 만나면 붕괴하면서 여러 입자들을 만들어낸다. 이런 입자들 중 일부(중성미자와 같은)를 관측하는 것은 가능하다.

높은 밀도 때문에 WIMPs의 상호작용이 가장 잘 일어날 것으로 보이는 장소는 우리 은하의 중심이다. 국제 우주 정거장에 설치된 AMS-02 실험 장치는 최근에 우리 은하의 중심으로부터 예측했던 것보다 많은 수의 양전자가 오고 있는 것을 관측했다. 현재까지의 관측 결과는 긍정적이지만 좀 더 확실한 것을 알기 위해서는 더 많은 관측 자료가 필요하다.

WIMP의 상호작용은 좀 더 가까운 곳에서도 일어날 수 있다. 태양이 은하 중심을 공전하는 동안 WIMPs를 만날 수 있다. WIMPs가 태양을 만나면 붕괴할 것이다. 이런 붕괴 생성물의 대부분은 태양을 벗어나기 어렵겠지만 다른 물질과 상호작용을 잘 하지 않는 중성미자는 태양을 빠져나올 수 있을 것이다. 그렇게 되면 남극대륙의 빙원에 설치된 아이스큐브와 같은 감지장치를 이용하여 검출할 수 있을 것이다.

보가 포함되어 있다. 플랑크 망원경은 우리 우주가 26.8%의 암흑물질과 4.9%의 보통 물질을 포함하고 있다는 것을 보여주었다. 나머지 68.3%는 암흑에너지인 것으로 추정되고 있다(167쪽 참조).

숨어 있는 물질에 대한 힌트

신비한 암흑물질의 존재에 대한 실마리는 1930년대부터 나타나기 시작했다. 스위스 출신 미국 물리학자 프리츠 츠비키[Fritz Zwicky, 1898~1974]는 머리털자리 은하단을 관측하다가 이해할 수 없는 현상을 발견했다. 물리법칙에 의하면 도저히 있을 수 없는 일로, 아주 빠르게 은하단을 돌고 있는 은하를 발견한 것이다. 중력 법칙에 의하면 이렇게 빠른 속도는 은하단의 탈출속도(78쪽 참조)보다 빨라서 은하단으로부터 튕겨나가야 했다. 그럼에도 불구하고 이 은하는 그곳에서 은하단을 돌고 있었다. 츠비키는 두 가지 설명 중 하나를 선택해야 했다. 중력 법칙은 지구에서나 은하단에서 같고, 은하단에 우리가 관측할 수 없는 물질이 포함되어 있다는 설명이 그중 하나였다. 이 '숨어 있는 질량'이 은하단의 탈출속도를 증가시켜 빠른 속도로 은하단을 도는 은하가 은하단을 떠나지 않을 수 있다는 것이다. 그는 이 물질을 '어두운 물질'이라고 불렀다. 이런 설명이 옳다면 은하단에는 망원경으로 관측할 수 있는 질량보다 400배나 더 많은 보이지 않는 질량이 있어야 했다.

곧 네덜란드의 천문학자 얀 오르트^{Jan Oort}가 우리 은하에서도 비슷한 현상을 발견했다. 그는 우리 은하 가장자리에서 은하를 돌고 있는 별들의 속도를 측정했다. 이 별들도 우리가 관찰할 수 있는 물질의 중력만으로는 붙잡아둘 수 없는 빠른 속도로 은하를 돌고 있었다. 그러나 이러한 힌트에도 불구하고 1980년대 초까지는 암흑물질의 존재를 심각하게 받아들이지 않았다.

1980년대 초에 미국의 천문학자 베라 루빈^{Vera Rubin}이 100개가 넘는 은하에서 이런 불가능한 속도로 은하를 돌고 있는 별들을 발견했다. 그러자 이론물리학자들이 이 신비한 물질에 대해 관심을 가지기 시작했다. 한 가지는 확실했다. 이 물질은 보통의 물질과 중력에 의한 상호작용은 하지만 전자기적 상호작용은 하지 않았다. 이 물질이 포톤을 반사한다면 우리가 관측할 수 있어야 하기 때문이다. 문제는 표준 모델에 이렇게 행동하는 입자가 포함되어 있지 않다는 것이었다. 24가지 기본 입자(82쪽 참조) 중 어느 것도 이렇게 행동하지 않았다. 최근에 가장 널리 받아들여지는 설명은 암흑물질이 아직 발견되지 않은 약하게 상호작용하는 무거운 입자(WIMPs)로 이루어졌다는 것이다. 그리고 현재 WIMPs를 발견하기 위한 연구가 진행되고 있다(85쪽 상자 참조).

그러나 일부 물리학자들은 암흑물질을 설명하기 위해 새로운 입자가 전혀 필요하지 않다고 주장하고 있다. 그들은 1930년대 츠비키가 생각했던 또 다른 가능성에 주목하고 있다. 그것은 중력 법칙

다. 츠비키는 두 가지 설명 중 하나를 선택해야 했다.

이 어느 곳에서나 같지 않다는 것이다. 이런 설명을 수정된 중력이론 (MOUND)이라고 불렀다. 중력에 대한 최신 이론은 아인슈타인의 일반상대성이론이다. 이 이론은 행성의 궤도를 완벽하게 설명하고 있으며 오랫동안 설명할 수 없었던 수성의 근일점 변화도 설명해냈다(68쪽 참조). 그러나 이 이론이 은하와 같은 큰 규모에서도 그대로 적용되는지에 대한 직접적인 증거는 아직 없다.

프리츠 츠비키

역사상 프리츠 츠비키만큼 괴짜 천문학자도 드물다. 1898년 밸런타인데이에 불가리아에서 태어난 츠비키는 여섯 살 때 할아버지와 함께 스위스로 이주했다. 1925년에는 기름방울 실험을 통해 전자의 전하량을 측정한(22쪽 참조) 로버트 밀리컨Robert Millikan과 함께 일하기 위해 미국으로 이주했다.

월터 바데Walter Baade와 함께 별의 진화 과정을 연구하게 된 츠비키는 중성자성의 존재를 최초로 제안한 사람들 중 한 사람이었다. '초신성'이라는 말을 처음 사용한 사람도 츠비키였다. 놀라울 정도로 창조적인 사고를 했던 츠비키는 우주에서 거리를 측정하는 데 초신성을 사용할 수 있을 것이라고 생각하기도 했다. 초신성을 이용한 거리 측정 방법은 1998년에 암흑에너지를 발견하도록 했다(199쪽 참조).

그러나 츠비키의 생각이 모두 제대로 작동한 것은 아니었다. 츠비키는 관측에 방해되는 망원경 주변 공기의 와류를 줄이기 위해 조수에게 총을 쏘라고 지시하기도 했다. 그러나 와류는 없어지지 않았다.

동료들과 잘 어울리지 않고 외톨이로 지냈던 츠비키는 종종 다른 사람들을 '구형으로 빌어먹을 놈spherical bastard'이라고 욕했는데 이 말은 어떤 방향에서 보아도 똑같이 재미없는 사람이라는 뜻이었다.

27

대형 하드론 충돌가속기(LHC)(km)

　제네바는 다양한 볼거리가 있는 매력적인 도시다. 프랑스와 스위스 국경에 위치한 제네바에는 적십자사, 세계보건기구, 국경없는의사회 등 많은 국제기구들뿐만 아니라 1954년에 설립된 유럽원자핵연구소(CERN)도 있다.

　최근에 이루어진 힉스 보존을 발견한 실험으로 이 연구소의 핵심 연구 장치인 대형 하드론 충돌가속기(LHC)는 CERN을 대표하는 이름이 되었다. 제네바 공항과 주라 산맥 사이에 위치한 LHC는 지하

▼ LHC는 제네바에서 가까운 프랑스와 스위스 국경 부근의 시골 지하에 설치되어 있다. 앞에 제네바 공항이 보인다.

100m에 매설된, 길이가 27km나 되는 원형 터널이다. 이 거대한 과학 실험 시설은 세계에서 가장 큰 입자물리 실험실이다.

100개가 넘는 나라에서 온 1만 명 이상의 과학자들이 1998년부터 2008년 사이에 건설된 LHC를 이용한 실험에 참여하고 있다.

1600개가 넘는 거대한 초냉각 자석이 터널 안에서 반대 방향으로 돌고 있는 입자 빔의 진행 방향을 제어한다.

양성자는 빛의 속도에 가까운 속도로 회전하다가 충돌하여 수많은 입자들을 만들어내는데 과학자들은 이 입자들 중에서 원하는 입자를 찾아낸다.

표준 모델을 넘어

힉스 보존은 이제 입자 목록에 포함되었지만 이 입자는 아직 LHC에서의 실험을 통해 답을 찾아야 할 많은 의문점들을 가지고 있다. 특히 관심을 끄는 것은 우주 초기에 우리의 존재를 가능하게 한 물질과 반물질의 차이가 왜 생겼느냐 하는 것이다. 초대칭과 같은 표준 모델 너머에 대한 증거도 찾아내야 한다. 초대칭 이론(SUSY)은 모든 입자는 초대칭 동반 입자(에스 입자)를 가지고 있다고 주장하고 있다. 쿼크는 에스쿼크를 가지고 있고, 중성미자는 에스중성미자를 가지고 있다. 이 초대칭 입자들 중에서 가장 가벼운 입자가 암흑물질을 이루는 WIMPs(84쪽 참조)일 것으로 추정하기도 한다.

LHC의 네 개의 입자 검출 장치

LHC는 모두 일곱 개의 입자 검출 장치를 가지고 있다. 그중 가장 중요한 네 개의 입자 검출 장치는 다음과 같다.

ALICE 대형 이온 충돌가속기에 설치되어 있는 ALICE 입자 검출기는 납 원자핵의 충돌로 생성된 입자들을 조사하는 데 사용되었다. 이런 충돌은 빅뱅 직후의 우주 상태를 재현한 것으로 생각되고 있다. 이런 조건은 붕괴하고 있는 중성자성의 내부에서도 발견될 수 있을 것이다.

LHCb 이 입자 검출기 이름에 포함되어 있는 'b'는 여섯 가지 쿼크 중 하나인 b쿼크를 나타낸다. 이 검출기의 중요한 목표는 우주에 왜 물질과 반물질의 균형이 깨졌는지를 알아내는 것이다. 이러한 'CP 대칭성 붕괴'는 이미 D 중간자에서 발견되었다.

ATLAS 도넛형 LHC 입자 검출기로 ATLAS라고 불리기도 하는 이 입자 검출기는 표준 모델 너머에 있는 이론에 대한 증거를 찾고 있다. CMS 검출기와 함께 ATLAS는 오랫동안 기다렸던 2012년 힉스 보존 발견 실험에 사용되었다.

CMS 이 입자 검출기는 초대칭 이론의 증거와 함께 다른 차원의 증거를 찾고 있다. 힉스 입자를 찾아내는 데 사용된 두 입자 검출기 중 하나인 CMS는 힉스 입자의 성질을 연구하는 데도 중요한 역할을 할 것이다.

39

상대론적 효과로 인한 GPS 위성의 시간 지연(ms)

우리는 놀라운 시대에 살고 있다. 아직도 많은 사람들이 지구 대기권 안에서만 생활하던 우주 시대 이전의 생활을 하고 있지만 현재 1000개 이상의 인공위성이 지구궤도를 돌고 있다. 그중 32개는 지구 위에서 우리의 위치를 매우 정확히 알 수 있도록 해주는 GPS에 속한 위성이다. 미군이 운영하고 있는 GPS는 1995년부터 작동을 시작했다. 유럽연합은 2010년대 말까지 갈릴레오라고 부르는 자신들의 GPS를 설치하여 운영할 계획을 가지고 있으며, 인도와 중국도 자체 GPS를 계획 중이다. GPS 덕분에 스마트폰을 켜서 지도 기능을 불러오기만 하면 우리의 위치가 불과 몇 m의 오차 내에서 작은 점으로 지도 위에 표시된다. 그러나 만약 GPS가 상대성 효과를 감안하지 않으면 전체 GPS는 하루 안에 쓸모없어질 것이다.

모든 것이 상대적이다

이름에서 짐작할 수 있듯이 아인슈타인의 특수상대성이론과 일반 상대성이론은 모든 게 상대적이라고 주장한다. 심지어 우리가 경험하는 시간도 측정하는 기준계에 따라 달라진다. 다른 기준계에서는 시간이 다르게 흐른다. 시간이 다르게 흘러가도록 하는 첫 번째 방법은 일반 사람들과 다른 속도로 운동하는 것이다. 소련의 우주 비행사 세르게이 크리칼레프 Sergei Krikalev는 미르와 국제 우주 정거장에 보낸 시간 때문에 0.02초를 벌었다(52쪽 참조). 같은 이유로 GPS에 실려 있는 고도의 정밀 원자시계는 지상에 있는 원자시계보다 느리게 간다.

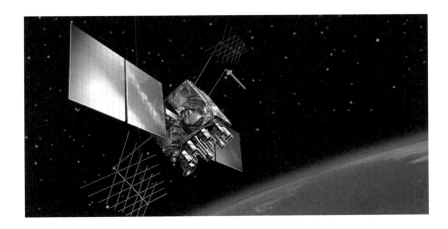

91

특수상대성이론의 효과로 GPS 위성에 실린 원자시계가 지상의 원자시계보다 하루에 7ms초씩 느리게 간다.

그러나 이 시간을 보정해도 인공위성의 시계와 지상의 시계는 일치하지 않는다. 일반상대성이론의 효과도 감안해야 하기 때문이다. 인공위성은 지구궤도를 빠른 속도로 돌고 있을 뿐만 아니라 지상에서보다 중력이 약한 곳에서 돌고 있다. 일반상대성이론에 의하면 중력이 약한 곳에서는 중력이 강한 곳보다 시간이 빨리 간다. 따라서 지구 중력의 영향으로 GPS 위성에 실려 있는 시계는 지상의 시계보다 하루에 39ms씩 빨리 간다.

스마트폰이 우리의 위치를 알려줄 수 있는 것은 적어도 세 개의 위성이 보내는 신호를 받아 위치를 계산하기 때문이다. 빠르게 도달한 신호는 가까이 있는 위성에서 온 신호다. 세 위성에 오는 신호를 종합하면 현재의 위치를 계산해낼 수 있다. 하지만 그러려면 인공위성에 실려 있는 시계와 스마트폰 안에 들어 있는 시계가 정확히 일치해야 한다.

특수상대성이론과 일반상대성이론에 의한 시간 차이를 감안하지 않으면 GPS는 쓸모없게 될 것이다. 상대성 효과를 감안하지 않으면 하루 안에 스마트폰에서 우리의 위치를 알려주는 작은 점이 우리가 있는 곳으로부터 10km쯤 벗어나 있을 것이다. 이 정도의 오차는 일상생활에서 GPS를 사용하는 사람들에게는 조금 불편한 정도겠지만 항공기나 선박의 통행을 통제하는 사람들에게는 엄청난 문제를 야기할 것이다.

43

뉴턴역학으로 설명할 수 없었던
수성의 근일점 이동(아크초/100년)

어릴 때 읽은 과학책에는 행성들이 놀라울 정도로 규칙적으로 태양을 돌고 있다고 설명되어 있다. 행성들은 다른 행성들의 영향을 받지 않고 자신의 궤도에서 태양을 돌고 있는 것으로 되어 있다. 그러나 이는 행성의 운동을 너무 단순하게 나타낸 것이다.

요하네스 케플러Johannes Kepler는 17세기 초에 행성의 궤도가 원이 아니라 타원이라는 것을 알아냈다. 이는 태양에서 행성까지의 거리가 위치에 따라 달라진다는 것을 의미한다. 행성이 태양에 가장 가까이 접근하는 점을 근일점이라고 한다. 만약 행성에 태양의 중력만 작용한다면 이 점은 항상 일정해야 한다. 그러나 다른 행성들의 중력 때문에 근일점이 옮겨간다. 다시 말해 행성이 태양을 한 번 돌 때마다 근일점이 조금씩 다른 점이 된다. 따라서 행성의 궤도를 그림으로 나타내면 호흡운동 기록지처럼 보인다.

행성의 세차운동

이런 현상은 지구를 포함한 태양계의 모든 행성에서 일어난다. 근일점이 옮겨간 거리는 아크초arc sec라는 단위를 이용하여 측정한다. 1아크초는 3600분의 1도를 나타낸다. 뉴턴의 중력이론을 이용하면 수성을 제외한 모든 행성의 근일점 이동을 설명할 수 있다. 뉴턴역학을 이용한 계산에 의하면, 수성의 근일점 이동은 100년에 5.557아크초여야 한다. 그러나 측정 결과는 5600아크초였다. 이 수수께끼는 20세기 초까지 풀리지 않았다.

1915년에 알베르트 아인슈타인이 새로운 중력이론인 일반상대성이론을 제안했다. 그는 중력이 질량 때문에 휘어진 4차원 시공간에 의해 작용한다고 설명했다(68쪽 참조). 일반상대성이론을 태양계에 적용하면 모든 행성의 근일점 이동을 정확히 설명할 수 있다. 중력이 약한 곳에서는 뉴턴역학도 정확하게 행성의 운동을 설명할 수 있다. 그러나 수성의 궤도처럼 태양과 가까워 중력이 강한 곳에서는 일반상대성이론과 뉴턴의 중력이론 사이에 차이가 나타난다.

하지만 그것은 종이 위에서의 성공에 불과했다. 과학 이론이 받아들여지기 위해서는 실험적 증거가 필요하다. 그 증거는 4년 뒤인 1919년에 얻어졌다. 천문학자 아서 에딩턴Arthur Eddington은 그해 일어난 개기일식을 가장 잘 관측할 수 있었던 서부 아프리카 해안의 작은 섬 프린시페에서 태양 주위의 별들을 관측했다. 개기일식이 일어나는 동안에는 밝은 태양 빛 때문에 평소 볼 수 없었던 태양 주위의 별들을 볼 수 있었다.

뉴턴과 아인슈타인의 중력이론은 이런 별들의 위치에 대해 다른 예측을 하고 있었다. 두 사람 모두 태양의 중력이 멀리 있는 별빛을 휘게 할 것이라고 예측해 별들의 위치가 태양이 있을 때와 태양이 없을 때 약간 달라질 것이라고 했다. 그러나 아인슈타인의 중력이론에 의하면 별빛이 휘어지는 정도가 뉴턴역학이 예측한 것보다 두 배나 되었다.

1919년에 에딩턴은 태양 주위에 있는 별들의 사진을 찍어 이 별들이 정상 위치로부터 얼마나 멀어졌는지를 측정하여 아인슈타인의 중력이론이 옳다는 것을 증명했다. 이로써 오랫동안 과학자들을 괴롭혔던 수성의 근일점 이동 문제도 해결되었고, 일반상대성이론은 새로운 중력이론으로 자리 잡게 되었다.

▼ 행성의 근일점은 시간이 지남에 따라 달라진다. 일반상대성이론은 수성의 근일점 이동을 성공적으로 설명했다.

45

도달거리를 최대로 하는 발사 각도(도)

수천 년 동안 스포츠 경기나 전쟁에서 사람들은 투사체 운동을 통해 물체를 멀리 날려 보내려고 노력했다. 포탄, 화살, 총알, 창, 농구공 같은 것들이 바로 그런 물체들이다.

투사체가 날아가는 궤도는 포물선이다. 물체가 땅에 떨어지기 전까지 날아가는 수평거리를 도달거리라고 한다. 많은 경우에 물체를 멀리 날려 보내는 것이 유리하다. 폭탄을 멀리 날려 보낼수록 더 먼 곳에서도 적을 공격할 수 있고, 창을 멀리 던질수록 금메달을 받을 확률이 커진다.

에너지 교환

실제로 투사체의 운동은 여러 가지 요소가 관여하기 때문에 매우 복잡하다. 그러나 중력을 제외한 공기의 마찰력과 같은 다른 힘들을 무시하면 투사체 운동을 간단히 다룰 수 있다. 테니스공을 던진다고 상상해보자. 테니스공은 땅과 이루는 각도가 0도에서 90도까지 어떤 각도에서도 던질 수 있다. 90도 각도로 던지면 수평 도달거리는 0이 될 것이다. 공이 똑바로 하늘로 올라갔다가 제자리에 떨어질 것이기 때문이다. 공이 하늘로 올라갔다가 다시 떨어지는 동안 에너지의 전환이 일어난다. 공은 던지는 속도로 운동에너지를 가지고 하늘로 올라가기 시작한다. 높이 올라감에 따라 운동에너지는 중력에 의한 위치에너지로 바뀐다. 공이 가장 높은 지점에 도달하면 모든 운동에너지를 잃고 순간적으로 멈춘다. 그러나 이내 다시 아래로 떨어지면서

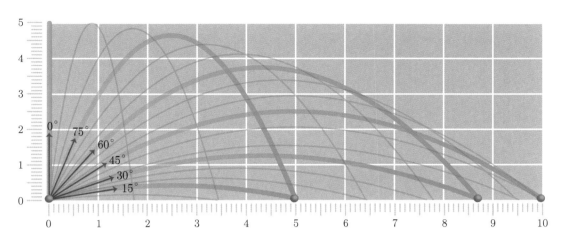

▲ 여러 각도로 발사한 투사체의 도달거리. 45도로 발사한 물체가 가장 멀리까지 날아간다.

위치에너지가 운동에너지로 바뀐다.

90도보다 작은 각도로 던진 물체가 날아가는 궤적은 포물선이다. 포물선의 성질 중 하나는 최고점을 중심으로 대칭이라는 것이다. 다시 말해 최고점까지 도달하는 경로는 최고점에서 땅까지 도달하는 경로를 반대로 반복한다. 중력이 공의 수직 방향 속도만을 변화시키기 때문에 수평 방향 속력은 일정하게 유지된다. 따라서 도달거리를 최대로 하기 위해서는 충분한 높이에 도달할 수 있는 수직 방향 속도를 가지면서도 수평 방향 속도도 충분히 확보할 수 있어야 한다. 수학적 분석을 통해 우리는 가장 멀리 도달할 수 있는 발사 각도는 0도와 90도의 중간인 45도임을 알았다.

그러나 이것은 물체를 떨어지는 것과 같은 높이에서 던질 때만 사실이다. 땅에서 발로 찬 공이나 받침대에서 뛰는 멀리뛰기 선수에게는 이 각도가 가장 유리하지만 어깨 높이에서 물체를 던지는 농구공이나 창던지기의 경우에는 가장 유리한 각도가 아니다. 이런 경우에 물체를 가장 멀리 날려 보낼 수 있는 각도는 45도보다 몇 도 작은 각도이다. 많은 경우 공기의 저항이 수직 방향의 운동과 함께 수평 방향의 운동에 영향을 주기 때문에 공기의 저항을 무시할 수 없다. 이런 경우에는 물체가 가장 멀리 날아가는 발사 각도가 더 작아진다.

67.8

허블 상수(km/s/Mpc)

1929년에 미국의 천문학자 에드윈 허블^{Edwin Hubble}은 세상을 놀라게 한 발견을 했다. 그는 망원경을 통해 멀리 있는 은하들이 우리로부터 멀어지고 있을 뿐만 아니라 은하까지의 거리가 멀어질수록 은하들이 더 빠른 속도로 멀어지고 있음을 알아낸 것이다.

부풀어 오르는 반죽

허블의 발견이 우주가 팽창하고 있음을 의미한다는 것을 이해하기 위해 오븐에 넣은 건포도 빵 반죽을 상상해보자. 반죽이 부풀어 오르기 전에 건포도를 1cm 간격으로 넣은 후 오븐 안에서 반죽의 부피를 두 배로 부풀렸다고 가정해보자. 한 특정한 건포도에서 다른 건포도들까지의 거리의 변화를 살펴보면 가장 가까운 곳에 있는 건포도까지의 거리는 이제 2cm가 되었다. 이 경우 거리의 변화는 1cm다. 처음 2cm 떨

▼ 반죽이 부풀어 오르는 경우 특정한 건포도의 입장에서 보면 멀리 있는 건포도가 더 빠르게 멀어지는 것처럼 보인다. 팽창하는 우주에서는 은하들도 마찬가지이다.

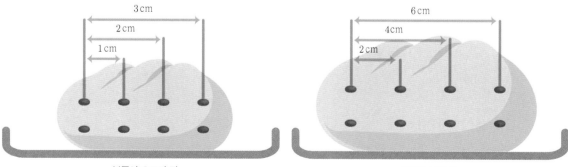

부풀어 오르기 전   부풀어 오른 후

어져 있던 건포도는 이제 4cm 떨어져 있다. 이 경우 거리의 변화는 2cm 다. 마지막으로 처음에 3cm 떨어져 있던 건포도는 부풀어 오른 후 6cm 떨어져 있게 되었다. 이 경우 늘어난 거리는 3cm다. 빵이 부풀어 오르는 데 한 시간이 걸렸다면 가장 가까이 있는 건포도는 1cm/h의 속도로 멀어졌고, 가장 멀리 있던 건포도는 3cm/h의 속도로 멀어졌다. 따라서 빵은 일정한 비율로 부풀어 올랐지만 더 멀리 있는 건포도는 더 빠른 속도로 멀어졌다. 이것이 1929년에 허블이 발견한 것이다. 더 멀리 있는 은하는 더 빨리 멀어지고 있다. 반죽처럼 우주도 팽창하고 있었던 것이다.

허블 상수는 팽창 속도를 말해준다. 건포도 빵에서 원래 건포도 사이의 거리가 1cm 증가할 때마다 건포도 사이의 거리는 1cm/h씩 빨라지는 속도로 멀어진다. 은하 사이의 거리는 cm 단위로 측정하기에는 너무 멀다. 따라서 천문학자들은 메가파섹megaparsec이라는 단위를 사용한다. 1메가파섹(Mpc)은 $3.09{\times}10^{22}$m에 해당한다. 은하가 멀어지는 속도도 매우 빨라 cm/h라는 단위 대신 km/s라는 단위를 사용한다. 그러나 원리는 건포도 빵의 경우와 똑같다. 현재까지 측정을 통해 알아낸 가장 정확한 허블 상수는 유럽우주국에서 운영하는 플랑크 망원경을 이용하여 측정한 값으로 67.8km/s/Mpc이다. 따라서 1Mpc 떨어져 있는 은하는 67.8km/s 속도로 멀어지고 있다.

이 발견은 우주론에 커다란 영향을 주었다. 팽창하고 있는 우주는 과거에 지금보다 크기가 작았을 것이다. 그렇다면 우주의 모든 물질이 한 점에 모여 있던 때가 있었을 것이다. 다시 말해 우주에도 시작이 있었다는 것이다. 허블 상수는 우주의 시작이 언제였는지를 추정하는 데 쓰이고 있다. 허블 상수의 역수를 구하고 Mpc를 km로 바꾸면 된다. 그렇게 하면 km가 약분되어 우주의 나이를 초 단위로 계산할 수 있다. 플랑크 망원경이 측정한 허블 상수를 이용하면 우주의 나이는 $4.55{\times}10^{17}$초, 즉 144억 년이 된다. 하지만 실제의 경우에는 이 값을 우주의 모양을 감안하여 약간 수정해야 한다. 그 결과 우주의 나이는 137억 9800만 년이다(132쪽 참조).

98

자연에 존재하는 원소의 수

원소주기율표에는 지금까지 알려진 모든 원소들이 원자번호 순으로 배열되어 있다. 원자번호는 원자가 가지고 있는 양성자의 수를 나타낸다.

최신 주기율표에는 118가지 원소가 실려 있다. 가장 최근에 발견된 원소는 2010년에 발견된 117번 원소 테네신으로 과학자들이 실험실에서 만든 것이다. 원자번호가 99번 이상인 원소들은 인공적으로 만든 것이고, 1번부터 98번까지는 자연에 존재하는 원소들이다.

한때는 원자번호 92번까지의 원소만 자연에 존재하는 것으로 알려져 있었지만 93번부터 98번까지의 원소인 넵투늄, 플루토늄, 아메리슘, 퀴륨, 버클륨, 칼리포늄은 방사성원소인 우라늄을 다량 함유한 광물 피치블렌드에 소량 포함되어 있다는 것을 알게 되었다.

98가지 원소들 중 80가지는 안정한 원소이고, 나머지 18가지는 방사성원소다.

원소들은 주기율표에 열과 행으로 배열되어 있는데 같은 행에 배열된 원소를 같은 주기 원소, 같은 열에 배열되어 있는 원소를 같은 족 원소라고 한다. 1869년에 러시아 화학자 드미트리 멘델레예프 Dmitri Mendeleev, 1834~1907는 원소의 성질이 주기적으로 반복된다는 것을 알아낸 후 최초의 주기율표를 만들었다. 멘델레예프의 주기율표에는 빈칸이 남아 있었는데 그는 주기율표를 이용하여 이 빈칸들에 들어갈 아직 발견되지 않았던 원소의 존재와 화학적 성질을 예측했다.

▲ 드미트리 멘델레예프는 1869년에 최초로 주기율표를 만들었다. 그는 주기율표를 이용해 아직 발견되지 않은 원소의 존재를 예측했다.

99.99999999999

수소 원자에서 빈 공간의 비율(%)

원자는 우리 눈에 보이는 모든 것을 만들고 있지만 놀랍도록 황량한 곳이다. 크기에 비교해볼 때 전자는 원자핵으로부터 엄청나게 멀리 떨어진 곳에서 원자핵을 돌고 있다. 전자와 원자핵 사이는 아무것도 없는 빈 공간이다.

원자핵의 평균 크기는 1펨토미터(10^{-15}m)다. 그리고 전체 원자의 크기는 대략 1옹스트롬(10^{-10}m) 정도이다. 따라서 원자의 지름은 원자핵 지름의 10만 배다. 그러나 부피로 비교하면 이 숫자의 세제곱이 되어야 한다. 따라서 원자핵은 원자 크기의 1000조분의 1이다. 이것을 좀 더 실감 나게 보여주기 위해 원자를 지구 크기로 부풀린다면 원자핵의 지름은 127m가 될 것이다.

원자의 대부분이 빈 공간이라는 것은 원자로 이루어진 물질 역시 빈 공간이라는 것을 의미한다. 우리가 읽고 있는 책이나, 우리가 앉아 있는 의자, 또는 책을 읽고 있는 우리 눈도 대부분 빈 공간이다. 우리가 앉아 있는 단단한 의자의 99.9999999999999%가 실제로는 빈 공간이라는 것은 놀라운 일이다. 이 공간에는 물질이 존재하지 않지만 완전히 빈 공간인 것은 아니다. 이 공간에는 전하를 띤 양성자와 전자가 만들어낸 전자기장이 있다. 우리 몸 안의 원자들을 의자의 원자들에 가까이 다가가도록 밀면 원자들은 서로를 밀어낸다. 전자기적 반발력은 중력보다 훨씬 강하기 때문에 이 반발력으로 인해 아래로 떨어지지 않는다.

99.9999999874

입자가속기에서 달성한 최고 속도(빛 속도의 %)

많은 사람들의 예상과 달리 입자가속기 중에서 가장 빠른 속도 기록을 가지고 있는 입자가속기는 CERN의 대형 하드론 충돌가속기(LHC)가 아니다. 이 기록을 보유한 가속기는 LHC의 전신인 대형 전자-양전자 충돌가속기(LEP)다. LEP는 같은 터널에 LHC를 설치하기 위해 2000년에 해체되었다. LHC는 아직도 1989년에 설치된 LEP 터널을 이용하고 있다. LHC에서 달성한 최고 속도는 빛 속도의 99.9999991%다. LEP가 이보다 빠른 속도를 달성할 수 있었던 것은 훨씬 가벼운 입자를 가속시켰기 때문이다.

LEP의 가장 중요한 목표는 입자를 충돌시켜 W와 Z 보존을 만들어내 관찰하는 것이었다. 1980년대에 발견된 W와 Z 보존의 성질을 더 많이 이해해야 했기 때문에 이것은 중요한 연구 과제가 되었다.

LEP와 LHC를 이용한 실험을 통해 확인할 수 있었던 것은 질량을 가진 물체를 빛의 속도 가까이 가속시키는 일이 가능하지 않다는 것이었다. 미래에 사람을 빛의 속도 가까이 가속시킬 수 있게 된다면 시간 지연으로 인한 미래로의 시간 여행도 가능할 것이다(52쪽 참조). LEP의 입자들은 정지한 관측자들에 비해 20만 배나 천천히 가는 시간을 경험했다. 이 입자들과 비슷한 속도로 1년 동안 우주여행을 하고 돌아온다면 지구의 20만 년 미래에 도착할 것이다.

100

물의 끓는점(℃)

액체 상태의 물을 가열하면 물 분자들이 점점 더 많은 에너지를 얻게 된다. 물 분자들의 열운동에너지가 물 분자들 사이의 결합에너지보다 커지면 물이 끓기 시작한다. 물의 온도가 100℃에 도달하면 모든 물이 증발할 때까지 온도가 더 이상 올라가지 않는다. 물이 끓는 동안 물에 공급한 에너지는 온도를 올리는 데 사용되는 것이 아니라 물 분자들 사이의 결합을 끊는 데 사용된다. 이렇게 온도가 올라가지 않고 있는 동안에는 상변화가 일어난다. 물질의 기화열은 액체 상태의 물질 1kg을 기체 상태로 바꾸는 데 필요한 에너지를 나타낸다. 물의 기화열은 2260kJ이다.

물의 끓는점은 18세기 스웨덴의 물리학자 안데르스 셀시우스Anders Celsius가 고안한 섭씨온도의 기준점으로 사용되었다. 대기압에서는 물이 100℃에서 끓는다. 공기에 의한 압력은 물 분자들이 가까이 있을 수 있도록 도와주기 때문에 물 분자 사이의 결합을 끊는 데 더 많은 에너지가 필요하다. 압력을 줄이면 물을 끓이는 데 필요한 에너지가 줄어든다. 낮은 압력에서는 상온에서도 끓을 수 있다. 물에 소금과 같은 물질을 넣으면 끓는점이 높아진다. 이런 현상을 끓는점오름이라고 한다.

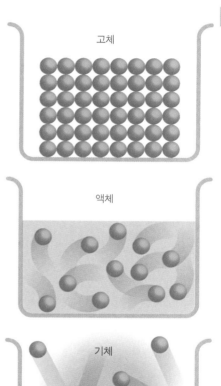

고체

액체

기체

▲ 가까운 거리에 규칙적으로 배열된 고체를 구성하는 원자들 사이의 거리는 온도가 높아질수록 점점 멀어진다.

101.325

표준대기압(kPa)

우리 머리 위에 있는 공기가 우리 머리와 어깨를 누르는 힘을 느끼지 못하는 것은 우리 몸이 지구에서 살아가기 알맞도록 얼마나 잘 진화해왔는지를 보여주는 증거다.

압력 측정하기

대기압은 지구 표면 1㎡를 공기가 내리누르는 힘을 말한다. 해수면에서의 대기압은 101.325N이다. 1Pa은 1N/㎡의 압력을 나타내는 단위다. 대기압은 표준대기압을 1로 하는 기압이라는 단위를 이용하여 측정할 수 있다. 그런가 하면 종종 바(bar)와 밀리바(mb)도 기압을 측정하는 단위로 사용된다. 1bar는 10만 Pa이다. 따라서 1bar는 1기압보다 약간 낮다.

바닷물이 해저에 압력을 가하는 것과 마찬가지로 우리 머리 위에 있는 공기는 우리 머리와 어깨를 내리누르고 있다. 우리 머리와 어깨의 면적을 대략 0.1㎡라고 하면 지구 대기가 우리를 내리누르는 힘은 대략 1만N 정도 된다. 이는 우리 몸이 대략 1톤이나 되는 공기의 무게를 지탱하고 있음을 뜻한다. 다행스러운 것은 우리 몸 안에도 공기가 있어 바깥쪽으로 같은 압력을 가하고 있기 때문에 이런 큰 압력을 견뎌낼 수 있다. 몸 안과 바깥쪽의 압력이 균형을 이루려 하는 것은 비행기 여행을 할 때 고막이 멍해지는 것을 통해서도 알 수 있다.

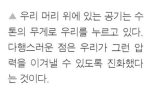

▲ 우리 머리 위에 있는 공기는 수 톤의 무게로 우리를 누르고 있다. 다행스러운 점은 우리가 그런 압력을 이겨낼 수 있도록 진화했다는 것이다.

블레즈 파스칼 Blaise Pascal, 1623~1662

세 살 때 어머니를 잃은 블레즈 파스칼은 열여섯 살 때 기하학에 관한 중요한 연구 논문을 발표할 정도로 뛰어난 학생이었다. 파스칼은 유체역학에 관한 실험을 통해 압력을 심도 있게 이해할 수 있게 되었으며 압력에 관한 연구를 하는 동인 주사기를 발명했다고 전해진다. 또 다른 많은 과학자들처럼 달에는 그의 이름을 딴 크레이터가 있다.

그는 세계 최초로 파스칼 라인이라는 디지털계산기를 발명한 것으로도 알려져 있다. 이 계산기의 발명은 세금 징수원이었던 아버지 때문이었다. 그의 아버지가 크게 다쳐 집에서 생활하게 되자 얀선주의를 따르던 두 신부가 파스칼을 보살펴주었는데, 이것이 그가 신앙생활에 몰두하는 계기가 되었을 것으로 보고 있다.

우리가 대부분 이산화탄소로 이루어진 두꺼운 대기 때문에 대기압이 90기압이나 되는 금성에 살고 있지 않은 것은 다행한 일이다. 금성과는 대조적으로 화성 표면에서의 대기압은 지구 대기압의 0.5%밖에 안 된다.

행성 표면에서부터의 높이에 따라 대기압이 어떻게 변하는지는 기압 공식을 이용하여 계산할 수 있다. 압력의 변화는 공기 분자의 질량, 중력가속도(74쪽 참조), 높이, 온도 그리고 볼츠만상수(21쪽 참조)와 같은 여러 가지 변수에 따라 달라진다. 이것은 이상기체 상수(73쪽 참조)를 이용해서도 나타낼 수 있다(73쪽 참조). 대기압 모델들은 대개 1000피트 높아질 때 온도가 2℃ 내려간다고 가정한다.

200

스카이다이버의 종단속도(km/h)

스카이다이빙을 하기 전에 필요한 교육을 마친 뒤 활주로를 달리는 비행기 좌석에 안전벨트를 매고 앉아서 공기 중으로 날아오른다. 고도계의 다이얼이 5000피트, 1만 피트, 1만 2000피트로 올라간다. 낙하산을 메고, 비행기 뒤쪽 문으로 다가간다. 몇 초 후 자유낙하하고 있다. 공기를 통과해 지상을 향해 낙하하는 동안 귀 옆을 스쳐 지나가는 공기 소리로 귀가 먹먹하다.

공기는 우리 몸의 다른 부분에도 작용하여 몸의 낙하 가속도가 줄어든다. 그러다가 공기에 의한 저항력과 지구 중력이 균형을 이루면 낙하 가속도는 0이 된다. 이는 땅을 향한 속도가 0이 되었다는 것이 아니라 땅을 향해 떨어지는 속도가 더 이상 빨라지지 않는다는 것을 뜻한다. 이때의 속도를 종단속도라고 한다. 낙하산을 펴지 않은 스카이다이버의 종단속도는 약 200km/h다.

2012년 10월 14일에 오스트리아 스카이다이버 펠릭스 바움가르트너Felix Baumgartner는 자유낙하 속도 기록을 경신했다. 지상 약 3만 9000m 높이에서 낙하한 그는 1300km/h이 넘는 속도에 도달했다. 공기가 훨씬 희박한 높이에서 낙하하면 보통의 스카이다이버보다 더 빠른 속도에 도달할 수 있다.

2014년 10월 24일 4만 1000m 상공에서 낙하한 구글의 경영자 앨런 유스타스Alan Eustace에 의해 이 기록은 깨졌다.

▼ 몸에 작용하는 중력(무게 또는 질량과 중력가속도를 곱한 값)과 공기의 저항력이 균형을 이루면 종단속도에 도달한다.

중력 > 저항력

저항력

중력

중력 = 저항력

저항력

중력

238

우라늄의 원자량

우라늄은 자연에서 발견되는 여러 가지 동위원소들을 가지고 있지만 99%가 넘는 우라늄의 동위원소는 92개의 양성자와 146개의 중성자를 가지고 있는 우라늄-238이다. 원소의 원자량은 양성자의 수와 중성자의 수를 합한 값이다. 우라늄은 지각에 100만분의 2 내지 4 정도 포함되어 있는데 이는 주석과 비슷한 양이다.

우라늄은 독일의 화학자 마르틴 하인리히 클라프로트^{Martin Heinrich Klaproth}가 1789년에 처음 발견했고, 그로부터 52년 뒤에 프랑스의 외젠 멜키오르 펠리고^{Eugène-Melchior Péligot}가 성공적으로 분리해냈다. 우라늄이라는 이름은 1781년에 발견된 천왕성의 영어 이름인 우라노스에서 따왔다(72쪽 참조). 그러나 우라늄이 방사성을 가진다는 것은 1896년이 되어서야 밝혀졌다. 앙리 베크렐^{Henri Becquerel}은 우라늄에서 방사선이 나온다는 것을 발견한 공로로 1903년 피에르와 마리 퀴리^{Pierre and Marie Curie} 부부와 함께 노벨 물리학상을 공동 수상했다.

여느 우라늄 동위원소들과 달리 우라늄-238은 핵연료로 사용할 수 없지만 증식로에서 핵연료용이나 원자폭탄 원료인 플루토늄-239를 생산하는 데 사용할 수 있다. 우라늄-238과 플루토늄-239 사이의 밀접한 관계는 1945년 8월 9일 일본 나가사키에 투하된 원자폭탄에 플루토늄이 사용되도록 했다.

오랫동안 우라늄이 자연에서 발견되는 원소들 중에서 가장 많은 양성자를 포함한 원소라고 생각해왔지만 플루토늄을 포함하여 우라늄보다 큰 여섯 개의 원소가 자연에서 소량 발견되었다(98쪽 참조).

▼ 우라늄을 포함하고 있는 광석. 우라늄은 매우 희귀한 원소라고 생각하는 사람들이 많지만 실제로는 주석만큼 흔한 원소다.

331

공기 속에서의 소리 속도(m/s)

빛과는 달리 소리가 전파되기 위해서는 매질이 필요하다. 스피커의 막이 진동하면 막 가까이 있는 공기 분자들이 진동하고, 이 진동은 가까이 있는 다른 공기 분자들로 전달된다. 이런 공기 분자들의 진동은 공기 중에 압력 파동을 일으킨다. 이러한 파동이 귀에 도달하면 전기신호로 바뀌어 뇌에 전달되고 뇌는 이것을 소리로 인식한다.

소리의 속도는 진동에너지가 분자를 통해 얼마나 빠르게 전달되는지를 나타낸다. 소리의 전파속도는 공기 분자들이 얼마나 강하게 상호작용하느냐에 따라 달라지기 때문에 온도의 함수가 된다. 0℃에서 마른공기 중의 소리의 속도는 331m/s이지만, 20℃에서는 343m/s로 빨라진다. 이것은 상온의 공기 중에서의 소리의 속도가 빛의 속도에 비해 약 100만분의 1밖에 안 된다는 것을 의미한다. 번갯불이 먼저 보인 후 조금 있다 천둥소리가 들리는 것은 이 때문이다.

번개와 천둥 사이의 시간 간격이 클수록 천둥 번개가 멀리서 발생했음을 의미한다. 만약 번갯불과 천둥소리 사이에 3초 간격이 있었다면 천둥 번개는 약 1km 떨어진 곳에서 발생한 것이다(343×3=1,029).

물 분자는 공기 분자들보다 훨씬 조밀하게 배열되어 있기 때문에 소리는 공기 중에서보다 물속에서 훨씬 빠른 속도로 전파된다. 물속에서의 소리 속도는 25℃의 같은 온도에서 공기 중에서의 소리 속도보다 네 배나 빠른 1500m/s다.

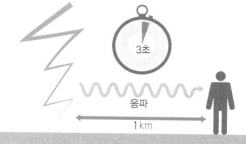

▼ 빛의 속도가 소리의 속도보다 빠르기 때문에 번갯불을 먼저 보고 나중에 천둥소리를 듣는다. 번갯불과 천둥소리 사이의 시간 간격이 클수록 천둥 번개는 더 먼 곳에서 발생한 것이다.

3초

음파

1km

1,000
물의 밀도(kg/m³)

액체의 온도를 낮추면 분자들은 에너지를 잃고 점점 더 가까이 다가가게 된다. 80℃에서 972 kg/m³인 물의 밀도는 40℃에 이르면 원자들 사이의 거리가 더 가까워져 992 kg/m³로 높아진다. 따라서 물이 얼음으로 바뀌는 0도에서 물의 밀도가 최댓값을 가지게 될 것이라고 예상하기 쉽다. 만약 이 예상대로 0도의 물이 가장 무겁다면 물은 아래서부터 얼 것이다. 그렇다면 음료수를 차갑게 냉장시킬 수 없을 것이고, 타이태닉호가 빙산과 충돌하지도 않았을 것이다.

그런데 물의 밀도는 4℃에서 999.9999985 kg/m³로 가장 높으며, 물은 얼어서 고체가 되면 밀도가 작아지는 독특한 성질을 가지고 있다. 이것은 지구 상에 살고 있는 생명체들에게 매우 중요한 성질이다. 겨울 연못을 생각해보자. 물의 온도가 4℃ 이하로 내려가면 밀도가 작아져서 따뜻하고 밀도가 높은 물은 아래로 내려간다. 따라서 호수와 강은 아래가 아니라 위쪽부터 언다. 그 덕분에 얼음 아래에서 생명체들이 살아갈 수 있다.

물이 얼어 얼음이 되면 물 분자들이 액체에서 불규칙하게 배열되어 있던 것과 달리 규칙적인 격자 구조로 배열된다. 격자점 사이의 거리가 꽤 멀기 때문에 분자들이 액체 상태에 있을 때보다 더 멀리 떨어져 있게 되고 따라서 밀도가 고체에서 더 작아진다.

▲ 여느 물질과 달리 고체인 얼음의 밀도가 액체인 물의 밀도보다 작기 때문에 빙산이 물 위에 떠다닐 수 있다.

1,361

태양상수(W/m²)

태양상수는 지구 표면 1m²에 도달하는 태양에너지를 나타낸다. 상수라고 부르기는 하지만 지구 표면이 받는 에너지는 일정하지 않다. 가장 큰 이유 중 하나는 지구의 공전궤도가 원이 아니기 때문이다. 태양상수는 지구가 태양과 지구 사이의 평균거리인 1천문단위(AU)에 있을 때 받는 에너지를 말한다(140쪽 참조). 근일점에서는 이보다 많은 에너지를 받고 원일점에서는 적은 에너지를 받는다. 태양을 공전하는 동안 지구가 태양으로부터 받는 에너지의 차이는 7% 정도다. 그리고 11년 주기로 나타나는 태양의 흑점 활동 변화로 인해 장기적으로 0.1%의 변화가 더해진다. 최초로 태양상수를 추정한 사람은 1383년 프랑스의 물리학자 클라우드 푸예Claude Pouillet였다. 그가 얻은 값인 1228W/m²는 오늘날 저궤도 인공위성을 이용하여 측정한 값과 10% 정도 차이가 난다.

지구 에너지 공급원이 될 가능성

태양상수는 가시광선뿐만 아니라 모든 파장의 전자기파 에너지를 합한 값이지만 매초 지구에 도달하는 에너지의 양은 엄청나다. 항상 태양을 향하고 있는 지구의 단면적은 127×100만×100만m²이고, 이 단면적의 모든 부분에서는 매초 대략 태양상수만큼의 태양에너지를 받는다. 만약 한 시간 동안 지구에 도달하는 태양에너지를 모아서 이용할 수 있다면 1년 동안 사용하는 에너지를 충당할 수 있을 것이다.

그러나 지구는 태양으로부터 오는 에너지를 모두 받아들이지 않고 일부를 우주 공간으로 반사한다. 태양에서 받는 에너지와 천체가 우주 공간으로 반사하는 에너지의 비를 알베도^{albedo}라고 한다.

지구에서는 표면 상태에 따라 우주 공간으로 반사하는 에너지의 양이 다르다. 모래의 알베도는 0.4이고, 초록색 잔디의 알베도는 0.25다. 얼음은 가장 많은 에너지를 반사해 알베도가 약 0.9다. 다시 말해 얼음으로 뒤덮인 지역에서는 태양으로부터 받는 에너지의 90%를 우주 공간으로 반사한다. 이것이 주기적으로 반복된 빙하시대의 원인이 되었을 것이다. 얼음이 더 많은 지역을 덮으면 더 많은 에너지를 우주 공간으로 반사하여 지구의 온도를 더 떨어뜨리고 이는 더 많은 얼음을 만들어내는 악순환이 빙하기의 원인이었을 것으로 생각하고 있다. 현재 지구의 평균 알베도는 0.3으로, 태양으로부터 오는 에너지 중 70%만 받아들이고 있다.

과학자들은 우리가 받는 에너지를 이용하여 태양이 얼마나 많은 에너지를 방출하는지를 계산할 수 있다. 이러한 계산을 통해 지구가 받는 에너지는 태양이 방출하는 에너지의 10억분의 2에 해당한다는 것을 알 수 있다. 태양이 방출하는 총에너지는 $4 \times 10^{26} W$이다(108쪽 참조).

(108쪽 참조)

109

▼ 천체가 태양으로부터 받는 에너지 중 반사하는 에너지의 비율을 알베도라고 한다. 지구의 알베도는 0.3이다. 이는 지구가 태양으로부터 받는 에너지의 30%를 반사한다는 뜻이다.

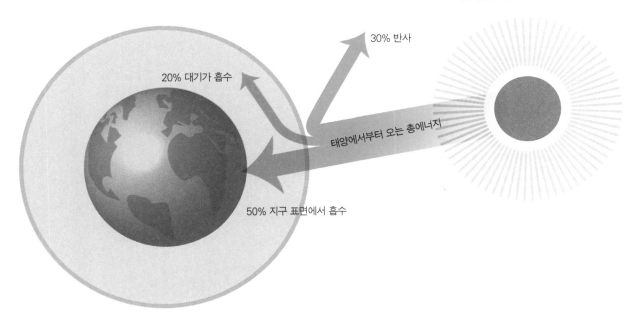

30% 반사

20% 대기가 흡수

태양에서부터 오는 총에너지

50% 지구 표면에서 흡수

1543

코페르니쿠스가 《천체 회전에 관하여》를 출판한 해

회전이라는 뜻을 가진 'revolution'이라는 단어가 하나의 정부를 무너뜨리고 새로운 정부로 대체하는 혁명이라는 정치적인 용어로 사용되기 시작한 것은 1600년경부터였다. 그전까지는 주로 천체의 공전궤도를 나타내는 말로 사용되었다. 이 단어가 이처럼 새로운 의미로 사용되게 된 것은 폴란드의 수학자 니콜라우스 코페르니쿠스 Nicolaus Copernicus, 1473~1543가 1543년에 새로운 천문 체계를 제안하여 전통적인 천문 체계를 무너뜨린 사건 때문일 것으로 추정된다.

코페르니쿠스가 출판한 《천체 회전에 관하여 De revolutionibus orbium coelestium》는 지금까지 출판된 천문학 서적들 중 가장 영향력 있는 책이다. 실제로 그 영향력으로 볼 때 모든 분야의 책 중에서 가장 중요한 책일 것이다. 하지만 그 내용에 대해서는 여러 가지 논란이 있다. 전해지는 이야기에 의하면, 코페르니쿠스는 임종이 가까웠을 때 이 책을 처음 받아보았다고 한다.

▲ 폴란드의 수학자 니콜라우스 코페르니쿠스는 행성들이 지구가 아니라 태양 주위를 돌고 있다고 제안했다.

지동설과 천동설

코페르니쿠스의 혁명적인 생각은 지구 대신 태양을 태양계의 중심에 놓은 것이다. 고대 그리스 이후 사람들은 지구가 우주의 중심에 자리 잡고 있다고 생각했다. 태양과 행성들 그리고 심지어 별들도 우리 주위를 돌고 있다고 생각한 것이다. 그것은 당시의 생각과도 맞아떨어졌다. 천동설의 가장 강력한 지지자 중 한 사람이 2세기에 활동한 클라우디오스 프톨레마이오스Claudius Ptolemy였다. 그러나 프톨레마이오스마저도

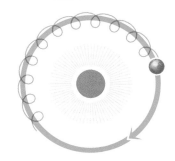

▼ 그리스 천문학자 프톨레마이오스는 행성의 운동을 설명하기 위해 커다란 원운동과 함께 주전원 운동을 제안했다.

우주가 사람들의 생각처럼 단순하지 않다는 것을 알고 있었다. 고대인들에게는 지구를 제외한 다섯 개의 행성이 알려져 있었다(72쪽 참조). 이 다섯 행성은 하늘을 가로질러 별들 사이를 이동해간다. 행성들의 운동을 자세히 관찰해보면 이상한 현상이 나타나는 것을 알 수 있다. 행성이 때로는 반대 방향으로 가기도 하고, 때로는 잠시 운동을 멈추는 것처럼 보이기도 한다. 이러한 '퇴행운동'은 설명을 필요로 했다. 프톨레마이오스는 이를 설명하기 위해 주전원epicycle 운동이라는 교묘한 방법을 이용했다. 주전원 운동은 행성이 지구 주위를 도는 이심원 위의 한 점을 중심으로 도는 작은 원운동이다. 주전원 운동이 이심원 운동 방향과 반대 방향으로 일어나는 부분에서는 행성이 뒤로 가는 것처럼 보인다. 프톨레마이오스의 이러한 생각은 코페르니쿠스의 책이 출판되기 전까지 1000년 넘는 오랜 세월 동안 사람들에게 받아들여졌다.

지구를 특별한 지위에서 끌어내리고 그 자리에 태양을 앉힘으로써 코페르니쿠스는 행성들의 퇴행운동을 설명할 수 있었다. 화성을 예로 들어보자. 지구는 화성보다 태양 가까이에서 태양을 돌고 있기 때문에 공전하는 동안 화성을 앞질러 가게 된다. 그때 화성을 보면 화성이 배경의 별들과 비교해 뒤로 가는 것처럼 보인다. 금성이나 수성이 지구를 앞질러 갈 때도 비슷한 일이 벌어진다.

로마 가톨릭교회와의 마찰로 코페르니쿠스의 혁명이 성공하기까지는 상당한 시간이 걸렸다. 그러나 1600년대 초에 새로 발명된 망원경을 통한 갈릴레이의 관측이 지동설의 증거를 제시하면서 현대 천문학의 시대가 열렸다.

화성 공전궤도

지구 공전궤도

태양

지구에서 본
화성의 운동

▲ 지구가 공전궤도 위에서 화성을 앞질러 감에 따라 화성이 뒤로 가는 것처럼 보인다. 이러한 설명이 예전의 주전원 운동을 대신하게 되었다.

1687

뉴턴이 《프린키피아》를 출판한 해

세 권으로 이루어진 아이작 뉴턴의 《자연철학의 수학적 원리Philosophiae Naturalis Principia Mathematica(프린키피아)》는 1687년 7월 4일에 출판되었다. 이 책에는 물리학에서 가장 중요한 법칙들이 포함되어 있으며 그중에는 세 가지 운동 법칙(64쪽 참조)과 중력 법칙(28쪽 참조)이 실려 있다. 이 책의 출판은 1543년 코페르니쿠스의 책이 나온 이후 가장 중요한 과학혁명이었고, 20세기에 아인슈타인이 등장할 때까지 가장 중요한 물리학 연구 업적이었다.

《프린키피아》를 쓰고 있던 몇 년 동안 작은 실험 노트에 아무 기록을 남기지 않은 것만 보아도 뉴턴이 이 책을 쓰는 일에 얼마나 몰두했는지를 알 수 있다. 그의 비서는 뉴턴이 책 쓰는 일에 집중해 때로는 먹고 자는 것도 잊었다고 회상했다.

그런데 이 책은 출판되지 못했을 수도 있었다. 뉴턴이 원고를 런던에 있는 왕립협회에 보냈을 때 왕립협회는 프랜시스 윌러비Francis Willughby의 《물고기의 역사》를 출판하느라 예산을 모두 써버린 상황이었다. 그러나 핼리혜성을 발견한 사람으로 널리 알려진 에드먼드 핼리Edmund Halley가 개인적으로 《프린키피아》의 출판 비용을 부담해 책이 나올 수 있었다. 핼리의 관측 자료는 뉴턴의 중력이론을 시험하는 데 쓰이기도 했다.

2013년에 뉴턴의 《프린키피아》 초판본이 경매에서 33만 유로에 팔렸다.

1,836.2

양성자와 전자의 질량비

양성자와 전자는 자연에서 가장 중요한 두 입자로 반대 부호의 전하를 가지고 있어 서로 잡아당긴다. 양성자와 전자는 가지고 있는 전하량은 같지만 질량은 크게 다르다. 쿼크로 이루어진 양성자는 전자보다 거의 2000배나 무겁다.

처음부터 양성자와 전자의 질량이 이처럼 큰 차이를 보이는가 하는 문제는 지금도 과학자들이 관심을 가지고 있는 의문이다. 우주 초기에는 양성자와 전자 질량의 비가 지금과 달랐을까? 그 대답은 '아니요'인 것 같다. 천문학적 관측 결과는 지난 70억 년 동안 양성자와 전자의 질량비가 0.00001% 이상 달라지지 않았음을 보여주고 있다. 천문학자들은 70억 광년 떨어진 은하를 관측하고 있다. 우리가 현재 보고 있는 이 은하의 빛은, 빛이 은하를 떠나던 70억 년 전의 정보를 가지고 있다. 70억 년 전에 전자와 양성자의 질량비가 현재와 달랐다면 천문학자들은 알코올의 일종인 메탄올이 빛을 흡수하는 방법을 조사하여 이러한 차이를 발견할 수 있을 것이다. 하지만 그러한 차이는 발견되지 않았다.

천문학자들은 우주에서 가장 멀리 떨어져 있는 천체여서 가장 오래된 정보를 포함하고 있는 퀘이사를 이용해 더 먼 과거도 조사했다. 퀘이사 관측 결과는 종종 μ라는 기호를 이용하여 나타내는 양성자와 전자의 질량비가 과거 120억 년 동안 0.001% 이상 변화되지 않았다는 것을 보여주고 있다.

▲ 가지고 있는 전하량은 같지만 양성자는 전자보다 훨씬 무겁다. 양성자는 쿼크로 이루어졌기 때문이다.

1905

아인슈타인의 기적의 해

1905년만큼 물리학을 크게 바꾸어놓은 해는 없었다. 스위스 베른의 특허사무소에서 일하고 있던 26세의 서기가 과학계를 뒤흔들어놓은 네 편의 논문을 발표했다. 이 논문들을 발표한 알베르트 아인슈타인 Albert Einstein, 1879~1955 은 역사상 가장 유명하고 가장 널리 인정받는 과학자로서의 삶을 살게 되었으며 1905년은 아인슈타인의 '기적의 해'라고 불리게 되었다. 또 UN은 네 편의 논문 발표를 기념하기 위해 100년째인 2005년을 '물리의 해'로 정했다. 아인슈타인이 1905년에 발표한 네 편의 논문은 다음과 같다.

▲ 1905년은 스물여섯 살이었던 알베르트 아인슈타인에게 가장 생산적인 한 해였다. 이후에는 이렇게 혁명적인 연구를 보여준 해가 없었다.

빛의 전환과 생산과 관련된 발전적인 견해(6월 9일 출판)

이 논문은 광전효과에 관한 논문이다. 금속에 전자기파를 쪼이면 전자기파가 전해주는 에너지가 금속의 전자를 방출시킨다. 그러나 당시에 많은 사람들이 생각했던 것처럼 빛이 파동으로만 행동한다면 설명할 수 없는 일들이 발견되었다. 예를 들면 금속은 전자를 방출하는 데 필요한 최소 진동수가 있었다. 그리고 일단 이 임계값을 넘어서면 즉시 전자가 방출되기 시작했다. 빛이 파동이라면 에너지를 전달해 전자를 방출시키는 데 시간이 걸려야 했다. 아인슈타인은 빛이 에너지 덩어리로 작용한다고 제안하여 이 문제를 해결했다. 빛 에너지 덩어리가 충분한 에너지를 가지고 있으면 즉시 전자를 방출시킬 수 있다. 아인슈타인은 이 빛 에너지 덩어리를 '광자'라고 불렀다. 그리고 이 연구로 1921년 노벨 물리학상을 받았다.

열에 대한 분자운동론을 필요로 하는 정지한 액체 안에 떠 있는 작은 입자의 운동에 대하여(7월 18일 출판)

이 논문은 1827년 영국의 식물학자 로버트 브라운^{Robert Brown}이 물 위에 떠 있는 꽃가루를 관찰하여 처음 발견한, 액체 위에 떠 있는 작은 입자가 불규칙하게 움직이는 브라운운동을 분석한 논문이다. 이 논문에서 아인슈타인은 꽃가루의 운동은 물 분자의 충돌에 의한 것이라고 설명하고 수없이 많은 분자들의 충돌로 인한 평균 이동 거리를 계산했다.

운동하는 물체의 전자기학에 대하여(9월 26일 출판)

이 논문을 통해 아인슈타인은 특수상대성이론을 세상에 내놓았다. 그는 두 가지 전제를 제안했다. 하나는 가속되지 않는 계, 다시 말해 정지해 있거나 등속도로 운동하고 있는 계에서는 물리법칙이 동일하다는 것이었다. 물리학자들은 이런 계를 '관성계'라고 부른다. 두 번째 전제는 진공 중에서 빛의 속도는 일정하다는 것이었다. 이러한 전제에는 시간도 상대적이라는 내용이 포함되어 있었다. 이로부터 운동하고 있는 시계는 천천히 간다는 시간 지연이 유도되었다(52쪽 참조).

물체의 관성질량이 물체가 포함하고 있는 에너지에 의존하는가?(11월 21일 출판)

1905년 11월 앞서 발표한 중요한 세 논문들에 만족할 수 없었던 아인슈타인은 네 번째 논문을 발표했다. 이 논문에서 아인슈타인은 질량과 에너지가 동등하다고 주장했다. 그리고 수학적 유도 과정을 거쳐 에너지와 질량 사이에 $E=mc^2$이라는 관계가 있다는 것을 보여주었다.

5,778

태양 표면 온도(K)

태양은 플라스마로 이루어진 거대한 구다. 태양의 표면은 지구의 내부보다 온도가 약간 낮다. 과학자들은 지구 내부의 온도가 태양 표면보다 500K 더 높을 것으로 추정하고 있다. 물론 플라스마로 이루어진 구인 태양의 표면은 고체가 아니다. 광구라고 부르는 태양의 표면은 포톤이 더 이상 밀도가 높은 태양 물질에 잡혀 있지 않고 자유롭게 우주 공간을 향해 날아갈 수 있는 태양 대기 부분이다. 태양 표면의 밀도는 지구 해수면에서의 공기 밀도의 0.37%밖에 안 된다. 광구의 두께는 약 100km 정도로 태양 반지름의 0.014%에 해당한다.

태양을 완전한 흑체라고 가정했을 때(36쪽 참조) 슈테판-볼츠만의 법칙을 이용하여 태양 표면 온도를 계산할 수 있다. 그 결과는 5778K다. 실제로 광구의 온도는 지역에 따라 달라 4500K에서 6000K 사이다. 온도가 낮은 곳(3000~4500K 사이)은 주변보다 어둡게 보인다. 이런 지점은 자기장의 활동이 태양 내부로부터의 에너지 흐름을 방해하기 때문에 생긴다. 흑점은 태양 자기장의 활동을 관측하는 데 사용된다. 지난 400년 동안의 흑점 기록에 의하면, 태양 자기장의 활동은 대략 11년을 주기로 활발해졌다 약해지기를 반복하고 있다.

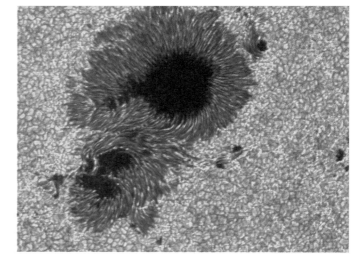

▼ 태양 표면의 흑점은 자기장의 활동이 열의 흐름을 방해하여 주변보다 온도가 낮아 어둡게 보이는 지역이다.

평균 크기의 별이 아니다

우주에 있는 모든 별들의 표면이 같지는 않다. 일반 별들은 온도가 낮아지는 순서로 O, B, A, F, G, K, M라는 기호를 이용하여 일곱 그룹으로 나눌 수 있다. 그리고 각 그룹에 속한 별들은 다시 온도가 낮아지는 순서로 0에서 9까지의 숫자를 이용하여 분류한다. 가장 뜨거운 별의 표면 온도는 3만 K가 넘고, 가장 온도가 낮은 별의 표면 온도는 2400K 정도다. 별의 표면 온도가 별의 색깔을 결정한다. 온도가 가장 높은 별은 푸른색이고 온도가 가장 낮은 별은 붉은색이다. 표면 온도가 5778K인 태양은 노란색 G2별이다. 그리고 89%의 별들이 온도가 낮은 붉은색 별로 K와 M그룹에 속한다.

태양과 같은 G그룹에 속하는 별들은 7.5% 정도다. 따라서 태양을 '평균적인 보통 별'이라고 하는 것은 잘못된 표현이다.

K와 M그룹 별들에도 생명체가 존재할 수 있는지 여부는 천문학자들과 천체 생물학자들 사이에서 많은 관심을 가지고 토론되고 있는 문제다. 액체 상태의 물을 가지려면 온도가 낮은

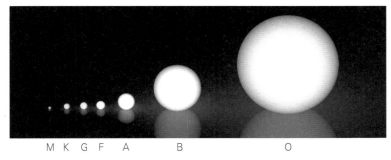

M K G F A　　B　　　　　O

▲ 별들은 표면 온도와 색깔에 따라 분류한다. 태양은 G그룹에 속하는 별이다. 대부분의 별들은 K와 M그룹에 속한다.

붉은 별에서는 행성이 별 가까이 다가가야 한다. 그렇게 되면 행성이 '조석 잠금 반지름' 안에 들어가게 된다. 조석 잠금 반지름 안에서는 별과 행성 사이의 중력 작용으로 지구 주위를 돌고 있는 달의 경우처럼 항상 행성의 같은 면만 별을 향하게 된다. 그러면 별빛이 비추는 면에는 항상 빛이 비추는 반면, 별의 반대 방향을 향한 면에는 영원히 별빛이 비추지 않을 것이다. 그런 환경에서 생명체가 어떻게 진화할 수 있느냐 하는 것과 이런 환경에서도 생명체가 존재할 수 있느냐 하는 것은 외계 행성 연구에서 답을 찾아내야 할 중요한 문제다.

6,371

지구 반지름(km)

지구는 완전한 구가 아니다. 자전으로 인해 적도 부분이 부풀었기 때문에 중심으로부터의 거리는 위도에 따라 다르다. 지구 중심에서 가장 가까운 점은 북극 부근의 북극해 아래에 있는 점으로 지구 중심으로부터의 거리는 6353km다. 지구 표면에서 지구 중심으로부터 가장 멀리 있는 지점은 적도 부근에 있는 에콰도르의 침보라소 화산 정상으로, 지구 중심으로부터의 거리는 6384km다. 에베레스트 산의 정상은 해수면으로부터는 더 높지만 적도 지방이 부풀어 있어 이 화산의 정상이 지구 중심으로부터 더 멀리 떨어져 있다. 지구의 평균 반지름은 6371km다.

고대 그리스 수학자 에라토스테네스[Eratosthenes, BC 276~194]가 기원전 240년경에 최초로 지구의 둘레를 측정했다. 그가 측정한 값이 얼마나 정확한지는 아직도 논란이 계속되고 있지만 일부 과학자들은 그가 얻은 값이 실제 값에서 1.6% 정도 벗어났다고 주장한다. 그러나 그가 측정한 값이 실제 값보다 16% 정도의 오차를 가지고 있었다고 주장하는 사람들도 있다. 어쨌든 그는 하짓날 정오에 이집트의 두 도시에서 태양의 고도를 측정하여 지구 둘레를 계산해냈다. 두 도시에서의 태양 고도 차이는 두 도시 사이의 거리가 지구 둘레의 50분의 1이라는 것을 나타내고 있었다. 따라서 두 도시 사이의 거리를 측정하여 지구 둘레의 길이를 계산해낼 수 있었다. 인도의 수학자 아리아바타[Āryabhata, 476~550]는 후에 좀 더 정확한 값을 알아냈다. 그가 얻은 값은 현대 이전에 측정한 지구 반지름의 값 중 가장 정확했다.

▲ 그리스 수학자 에라토스테네스는 최초로 지구의 둘레와 지구 반지름을 정확히 측정했다.

29,800

지구의 공전 속도(m/s)

우리는 우주 공간을 빠른 속도로 달리고 있다. 실제로 지구는 7분 동안 자신의 지름에 해당하는 거리를 달려간다. 이런 속도로 달려 지구는 9억 4000만 km에 달하는 태양 주위의 공전궤도를 한 바퀴 돈다.

그러나 이것은 평균속도다. 지구의 공전궤도는 타원이기 때문에 지구가 태양에 가까워지면 속도가 빨라지고, 태양에서 멀어지면 느려진다. 태양에 가장 가까운 근일점에서 지구의 속도는 약 3만 300m/s다. 그러나 지구의 궤도는 원에 가까운 타원이므로 이 값을 이용하여 계산해도 근삿값을 구할 수 있다.

태양 주위를 도는 지구의 속도를 추정하는 방법은 여러 가지다. 태양과 지구 사이의 거리를 알면(140쪽 참조) 지구 공전궤도의 둘레를 계산할 수 있다. 지구 공전궤도의 둘레는 9억 3600만 km 다. 지구가 이 거리를 달리는 데 1년이 걸리므로 공전궤도 둘레를 공전주기인 1년으로 나누면 지구의 공전 속도는 2만 9786m/s가 된다.

뉴턴의 두 번째 운동 법칙을 이용하여 태양을 돌고 있는 지구의 가속도를 계산하고, 이를 지구와 태양 사이의 중력에 의한 가속도와 비교하면 지구의 공전 속도를 계산할 수 있다. 이 경우에도 태양과 지구 사이의 거리를 알아야 한다. 그리고 태양의 질량도 알아야 한다. 이 방법으로 계산하면 지구의 공전 속도는 2만 9921m/s가 된다. 두 경우 모두 지구의 평균속도에서 0.5% 이내의 값을 얻을 수 있다.

▼ 태양 주위의 지구궤도는 원이 아니라 타원이다. 이것은 태양과 지구 사이의 거리가 계속 변한다는 것을 의미한다.

147,000,000km
근일점

태양

152,000,000km
원일점

지구

4,300,000

지구에서 하루 동안 치는 벼락의 수

지구에는 말 그대로 벼락이 난무하고 있다. 1925년에는 지구 전체에서 매초 100개의 벼락이 떨어지는 것으로 추정했다. 그러나 지구 전체를 감시 중인 인공위성의 관측 자료에 따르면, 지구 전체에서 매초 만들어지는 벼락은 40~50번이다. 그것은 하루에 400만 번이 넘는 벼락이 떨어진다는 것을 의미한다. 이러한 전기 방전은 매우 위험하며 매년 벼락으로 희생되는 사람이 수만 명에 이른다.

벼락의 70%가 햇빛이 가장 강하게 비치는 적도 지방에 떨어진다는 것은 쉽게 예상할 수 있는 일이다. 벼락이 가장 많이 치는 곳은 콩고민주공화국에 있는 키푸카Kifuka라는 작은 마을로, 해마다 158번 정도의 벼락이 친다.

벼락이 치는 정확한 메커니즘에 대해서는 논란이 계속되고 있지만 벼락은 구름의 윗부분(+로 대전되는)과 아랫부분(−로 대전되는)의 전압 차이로 인해 발생한다. 상승하는 수분이 공기 분자와 충돌해 원자로부터 전자를 빼앗고 구름 아래쪽에 모인다. 전자를 빼앗겨 (+)전하를 띤 원자는 계속 상승한다. 충분히 많은 전자가 모이면 이 전자들이 지구 표면의 전자들을 밀어내 구름에 가까운 표면이 (+)전하를 띠도록 만든다. 그렇게 되면 구름의 아랫부분으로부터 지표면으로 강한 전류가 흐르면서 벼락이 만들어진다.

▲ NASA가 수집한 자료에 의하면, 지구 전체에서는 매초 50번 정도의 벼락이 친다.

1.1×10^7

뤼드베리상수(m^{-1})

뤼드베르상수는 자연에 존재하는 모든 기본 상수 중에서 가장 정확하게 측정된 것이다. 뤼드베리상수에는 가장 작은 불확실성이 포함되어 있다. 뤼드베리상수는 이 책에서 설명하는 다섯 개의 상수인 전자의 질량, 전자의 전하량, 자유공간의 유전율, 플랑크상수와 빛의 속도로부터 계산할 수 있다(16, 22, 26, 12, 126쪽 참조).

1888년에 원자가 내는 스펙트럼을 연구한 스웨덴의 물리학자 요하네스 뤼드베리$^{Johannes\ Rydberg,\ 1854\sim1919}$의 이름에서 따온 이 상수는 보어의 원자모형에도 등장한다(27쪽 참조). 보어에 의하면 전자는 미리 정해진 에너지 궤도에서만 원자핵을 돌 수 있다. 전자가 높은 에너지준위에서 낮은 에너지준위로 떨어질 때는 포톤이 방출된다. 원자가 내는 빛을 분석하면 밝은 선들로 이루어진 선스펙트럼을 이루고 있음을 알 수 있다. 이런 선스펙트럼이 나오는 이유를 알 수는 없었지만 뤼드베리는 알칼리금속이 내는 스펙트럼을 자세히 분석하여 원자가 내는 선스펙트럼 설명 식을 만들려고 했다. 그가 만든 식에는 현재 그의 이름이 붙은 상수가 포함되어 있었다.

보어의 아이디어와 결합하면 전자가 어느 에너지준위에서 어떤 에너지 준위로 떨어지든 수소 원자가 내는 스펙트럼을 정확히 예측할 수 있다. 예를 들면 전자가 세 번째 에너지준위보다 높은 에너지준위에서 두 번째 에너지준위로 떨어지는 경우 발머계열이라고 알려진 스펙트럼을 방출한다.

▲ 스웨덴 물리학자 요하네스 뤼드베리는 물리학에서 가장 정확하게 측정된 상수에 자신의 이름을 남겼다.

15,000,000

태양 핵의 온도(K)

태양 표면은 지구의 내부보다 온도가 낮지만 태양의 핵은 지구의 내부보다 훨씬 높다. 태양 질량의 약 3분의 1은 전체 부피의 1%밖에 안 되는 좁은 공간에 밀집되어 있다. 따라서 태양 핵의 밀도는 납의 밀도보다 12배 정도 높다. 태양 바깥층의 무게로 인해 태양 핵의 압력은 지구 대기압의 1000억 배나 된다. 태양계의 다른 곳에서는 없는 이러한 극적인 조건에 있는 태양 핵의 온도는 1500만 K 정도다.

핵융합반응

이런 조건에서는 두 개의 양성자가 전기적 반발력을 이기고 태양 에너지의 근원이 되는 양성자-양성자 연쇄 핵융합반응을 시작할 수 있다(48쪽 참조).

지구에서 핵융합반응을 일으키기 위해서는 이보다 훨씬 높은 온도인 1억 K라는 온도가 필요하다(124쪽 참조).

태양의 핵에서 핵융합반응에 의해 만들어진 포톤이 태양 표면까지 나오는 데는 오랜 시간이 걸린다. 태양처럼 밀도가 높은 곳에서는 포톤이 다른 입자와 충돌한 후 다른 방향으로 산란하기 전에 평균적으로 1cm 이상을 달릴 수 없다. 충돌 후 다음 충돌이 일어날 때까지 달리는 거리를 '평균 자유 행로'라고 부른다. 포톤이 방해받지 않고 바깥쪽으로 달린다면 3초 이내에 태양 표면인 광구에 도달할 수 있다. 그러나 입자와의 충돌로 인해 포톤이 태양을 빠져나와 검은 우주 공간으로 나가는 데는 적어도 10만 년이 걸린다. 하지만 일단 우주 공

▲ 러시아 출신 미국 물리학자 조지 가모브의 연구는 태양이 어떻게 에너지를 생산하는지를 이해할 수 있도록 했다.

간으로 나온 포톤이 지구까지 도달하는 데는 8분이 조금 넘게 걸린다.

두 개의 양성자가 융합하기 위해서는 두 양성자가 강한 핵력이 작용할 수 있는 거리까지 접근해야 한다. 그렇게 되면 같은 부호의 전하가 서로 밀어내는 전기적 반발력을 이기고 융합할 수 있다. 이는 양성자가 10^{-15}m까지 접근해야 한다는 것을 의미한다. 그러나 두 양성자가 이처럼 가깝게 접근할 확률은 100만×1조×1조(10^{30})분의 1로서, 아주 낮은 확률이다. 그러나 태양 핵의 높은 밀도로 인해 1cm³의 부피 속에 약 10^{32}개의 양성자가 포함되어 있다. 이 중 일부가 핵융합이 가능한 거리까지 다가갈 수 있다. 태양 핵의 크기를 감안하면 그것은 태양에너지를 공급하기에 충분한 수다.

핵

복사층

대류층

▲ 태양의 핵에서 만들어진 포톤이 태양을 이루고 있는 입자들과 충돌을 거듭하면서 태양 표면까지 나오는 데는 평균 10만 년이 걸린다.

태양에너지가 핵융합반응에 의해 공급된다는 것을 처음 밝혀낸 사람은 영국의 천문학자 아서 에딩턴Arthur Eddington이었다. 에딩턴은 일식 관측을 통해 아인슈타인의 일반상대성이론이 옳다는 것을 증명한 다음 해인 1920년에 태양의 핵융합 이론을 제안했다(93쪽 참조). 그리고 8년 후 러시아 출신 물리학자 조지 가모브George Gamow, 1904~1968는 핵융합반응 과정을 자세히 밝힌 논문을 발표했다. 이 논문에는 두 양성자가 융합할 확률을 나타내는 가모브 인자가 포함되어 있었다. 고전물리학 이론에 의하면, 그러한 확률은 존재하지 않는다. 그러나 가모브는 새로운 양자 이론을 적용하여 충분한 수의 양성자가 융합하여 태양에너지의 공급을 가능하게 하는 '터널링 효과'를 발견했다.

16,000,000

핵융합 발전 최고 기록(W)

인류는 에너지 붕괴를 향해 가고 있다는 말을 자주 듣는다. 화석연료는 고갈되어가고 있으며, 지금까지 사용한 화석연료로 인해 지구의 온도는 올라가고 있다. 물론 태양에너지와 같이 재공급이 가능한 에너지도 이미 개발되어 일부에서 사용되고 있다. 하지만 이런 에너지도 화석 에너지 없이 늘어나고 있는 미래 에너지 수요를 감당하기에 충분하지 못할 수 있다.

한 가지 해결 방법은 핵융합반응을 통해 질량을 에너지로 전환하여 필요한 에너지를 공급하는, 태양이 에너지를 생산하는 방법을 이용하는 것이다. 핵융합은 깨끗하고 친환경적이면서도 많은 에너지를 생산해낼 잠재력이 있다. 그러나 우리는 태양에서 이루어지는 반응을 그대로 재현할 수 없다. 지구 상에서는 양성자-양성자 반응이 시작되는 데 필요한 압력과 밀도를 만들어낼 수 없다. 그래서 핵융합을 연구하는 과학자들은 양성자와 양성자를 융합시키는 대신 수소의 동위원소인 중수소와 삼중수소를 융합시키는 방법을 사용한다. 이 동위원소들은 비교적 구하기 쉽다. 중수소는 바닷물에서 얻을 수 있고, 삼중수소는 지각에 포함되어 있는 리튬에서 추출해낼 수 있다.

태양계에서 가장 온도가 높은 장소

이 무거운 원자핵들이 융합하기 위해서는 1억 도의 고온이 필요하다. 중수소 원자핵과 삼중수소 원자핵이 융합하면 중성자와 함께 헬륨이 만들어진다. 불활성기체인 헬륨은 오염 물질이 아니다. 이때 나온 중성자가 주변에 있는 물과 충돌하면 물을 가열시켜 발전소처럼 터빈을 돌리게 할 수 있다. 가장 어려운 문제는 1억 도나 되는 플라스마를 안정한 상태로 가두는 일이다. 이 온도는 태양계 안에서 가장 높은 온도다. '토카막Tokamak'이라고 부르는 장치에서는 강력한 자석을 이용하여 초고온의 플라스마를 좁은 영역 안에 가둔다. 토카막은 '고리 모양의 자기장'을 뜻하는 러시아어다.

▲ 컬햄 핵융합 에너지 센터에 설치된 JET(The Joint European Torus)는 최대 핵융합 에너지 생산 기록을 가지고 있다.

핵융합을 이용하여 가장 많은 에너지를 생산한 기록은 영국 옥스퍼드셔의 컬햄Culham 핵융합 에너지 연구 센터에 설치된 JET(Joint European Torus) 실험 시설이 가지고 있다. 이 실험에서는 16MW의 핵융합 에너지를 생산하는 데 성공했다. 그러나 문제는 이 에너지를 생산하기 위해 24MW의 에너지를 사용한 것이다. 생산하는 에너지보다 더 많은 에너지를 소모하는 것은 경제적으로 아무런 이득이 없다.

그럼에도 불구하고 이 실험은 원자보다 작은 입자를 융합하는 방법으로 에너지를 생산하는 데 성공함으로써 우리가 태양을 흉내 낼 수 있다는 것을 증명했다. JET 연구팀은 거대한 자석을 이용하여 플라스마를 가두는 방법을 개선하여 토카막의 효율을 증대시키는 연구에 집중하고 있다.

현재 JET는 세계에서 가장 큰, 가동 중인 토카막이지만 더 큰 핵융합로의 건설이 진행되고 있다. 프랑스에 있는 국제열핵실험원자로(ITER)는 작은 발전소의 발전량과 맞먹는 500MW의 핵융합 에너지를 생산할 수 있을 것으로 예상된다. 2020년경에 가동하게 될 이 원자로가 성공하면 미래 기술 사회에서 필요로 하는 에너지 수요를 충족시킬 수 있는 핵융합 발전소 건설을 위한 길이 열릴 것이다.

299,792,458

진공 속에서의 빛의 속도(m/s)

일상생활에서의 빛에 대한 경험으로 보면 빛은 무한히 빠른 속도로 달리기 때문에 빛이 한 지점에서 다른 지점으로 이동하는 데는 시간이 걸리지 않을 것처럼 보인다. 또 스위치를 올리면 그 순간 빛이 우리에게 도달하는 것처럼 보인다.

그러나 빛도 측정 가능한 속도를 가지고 있다. 빛이 전파되는 데 걸리는 시간을 알아차리기 위해서는 천문학적 거리가 필요하다.

1676년에 빛의 속도 측정을 처음 시도한 사람은 파리 왕립천문대에서 일하고 있던 덴마크 천문학자 올레 뢰머Ole Rømer였다.

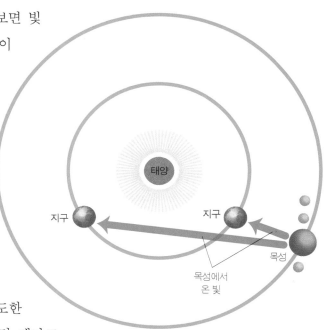

▲ 빛의 속도는 무한하지 않다. 지구가 목성으로부터 더 멀리 있을 때는 이오의 공전주기가 길어진다. 이는 거리가 멀어지면 빛이 도달하는 데 더 긴 시간이 걸린다는 것을 의미한다.

이오의 공전주기

1610년에 갈릴레이가 목성의 네 개 위성을 발견했고 1676년 뢰머는 그중 한 위성인 이오에 관심을 가졌다. 다른 위성들처럼 이오도 규칙적으로 목성을 돌고 있었다. 따라서 이오가 목성을 한 바퀴 도는 데 걸리는 시간은 항상 같아야 했다. 그러나 이오의 공전주기는 때로는 느려지고 때로는 빨라졌다. 이런 현상이 1년 주기로 반복해서 나타난다는 것을 알게 된 뢰머는 지구가 태양을 돌고 있으므로 목성에서 오는 빛이 지구에 도달하기 위해 달려야 하는 거리가 달라지기 때문일 것이라고 추정했다. 만약 빛의 속도가 무한히 빠르다면 거리의 차이는 아무 문제가 되지 않을 것이다. 따라서 빛의 속도는 유한해야 한다고 생각했다.

뢰머는 자신의 관측 자료를 이용하여 빛이 태양과 지구 사이의 거리를 달리는 데 11분이 걸린다고 계산해냈다. 따라서 빛의 속도는 22만 km/s가 되었다. 우리는 뢰머가 얻은 결과가 실제 빛의 속도인 30만 km/s

빛보다 빨리 달린다

2011년에 중성미자가 빛보다 더 빠른 속도로 달린다는 것이 밝혀졌다는 소식이 전해지면서 물리학계가 술렁거렸다. 빛보다 빠른 것으로 알려진 이 입자는 스위스 제네바에 있는 CERN에서 발사되어 알프스 산맥을 통과해 이탈리아의 그란사소Gran Sasso에 설치된 감지기에 도달했다. 이 입자가 달린 거리는 약 731km였다. 이 실험을 수행한 연구팀에 의하면 일부 중성미자가 빛이 이 거리를 달리는 데 소요되는 시간보다 짧은 60.7ns안에 감지기에 도달했다.

이 실험 결과는 몇 가지로 설명할 수 있었다. 첫 번째 아인슈타인의 상대성이론이 옳지 않아 빛의 속도가 우주에서 가장 빠른 속도가 아니라는 것이다. 두 번째는 실험 과정에서 오류가 생겨 중성미자가 상대성이론을 위반한 것처럼 보이게 한 것으로 실험 결과가 옳지 않다는 것이다. 세 번째 가능성이 가장 흥미를 끈다. 중성미자는 빛보다 빠른 속도로 달리지 않았다. 다만 우리가 볼 수 없는 다른 차원의 지름길을 통과했기 때문에 빛보다 빨리 목적지에 도달한 것처럼 보였다는 것이다. 이는 지름길을 이용하여 달린 마라톤 선수가 새로운 기록을 수립한 것과 같다. 그 마라톤 선수는 최고 속도로 달리지 않아도 결승선을 통과하는 것만 놓고 보았을 때 최고의 속도로 달린 것처럼 보일 것이다.

나중에 밝혀진 설명은 사람들을 실망시켰다. 장비의 오류로 밝혀졌기 때문이다. 실험 장치를 면밀히 점검한 과학자들은 광섬유가 잘못 연결되어 시계가 조금 빠르게 갔다는 것을 밝혀냈다. 그래서 여전히 지금도 빛의 속도는 우주 공간을 통해 달릴 수 있는 가장 빠른 속도이다.

보다 작은 값이라는 것을 알고 있다. 그러나 여기서 숫자는 그리 중요하지 않다. 중요한 것은 뢰머가 빛이 A에서 B까지 진행하는 데 시간이 걸린다는 사실을 알아냈다는 것이다.

변하지 않는 속도

진공 중에서의 빛의 속도는 유한할 뿐만 아니라 항상 같다. 이것은 유명한 마이컬슨의 실험을 통해 1887년에 밝혀졌다. 공항에서 쉽게 볼 수 있는 무빙워크를 생각해보자. 무빙워크가 움직이는 속도가 1m/s이고, 그 위를 누군가 2m/s의 속도로 걸어가고 있다면 옆에서 지켜보는 사람은 무빙워크의 속력에 그 사람이 걷는 속도를 더한 3m/s의 속력으로 걷고 있는 것으로 관측할 것이다. 반대로 무빙워크가 움직이는 것과 반대 방향으로 걷고 있다면 그 사람이 걷는 속력에서 무빙워크의 속력을 뺀 1m/s의 속력으로 걷고 있는 것으로 관측할 것이다. 1880년대에는 빛이 이와 다르게 행동한다고 생각해야 할 아무런 이유가 없었다. 그러나 마이컬슨과 몰리의 실험은 빛이 이러한

▼ 지구가 달리는 방향과 반대 방향으로 달리는 빛의 속도는 느려질 것이라고 예상했다. 그러나 빛의 속도는 지구의 속도에 관계없이 일정하다는 것이 밝혀졌다.

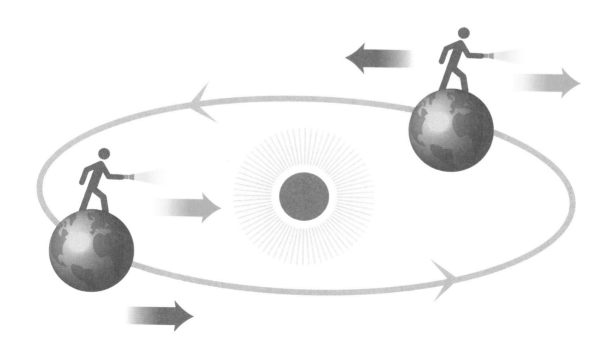

역설의 해결

왜 밤하늘은 어두울까? 이 질문은 1823년에 이 문제를 제기한 독일 천문학자 하인리히 올베르스Heinrich Olbers의 이름을 따서 올베르스의 역설이라고 부르는 전통적인 역설의 핵심을 나타내는 질문이다. 그러나 이런 의문이 제기된 것은 16세기부터였다.

만약 우주에 무한히 많은 별이 있다면 어느 방향을 보더라도 그 시선 방향에 별이 있어야 한다. 그렇게 되면 밤하늘은 어둡지 않고 밝아야 한다.

항상 일정한 빛의 속도와 팽창하고 있는 우주가 이 역설을 해결했다. 우주에는 우리로부터 너무 빠른 속도로 멀어지고 있어 빛이 우리에게 도달할 수 없는 부분이 있다는 것이다. 빛이 우리에게 도달할 수 없기 때문에 그런 지역은 영원히 우리에게 숨겨져 있는 부분이다.

규칙을 따르지 않는다는 것을 보여주었다.

그들이 만든 정교한 실험 장치는 지구가 태양 주위를 공전하면서 달리고 있는 방향과 같은 방향으로 빛을 비출 수 있게 했다. 지구가 반대 방향으로 달리게 되는 6개월 후 그들은 같은 실험을 반복해보았다. 무빙워크와 마찬가지로 그들은 빛이 지구와 같은 방향으로 달릴 때는 빨라지고 반대 방향으로 달릴 때는 느려질 것이라고 예상했다. 그러나 결과는 지구의 운동이 빛의 속도에 영향을 주지 않는다는 것이었다. 빛의 속도는 항상 일정했다.

약 20년 후 알베르트 아인슈타인은 모든 관측자에게 빛의 속도는 일정하다는 것을 특수상대성이론의 두 가지 전제 중 하나로 채택했고. 이것은 시간 지연이라는 결과를 가져왔다(52쪽 참조). 같은 해에 $E=mc^2$이라는 식도 제안되었다. 이 식에서 c는 빛의 속도다. 아인슈타인의 최초 논문에서는 빛의 속도를 v로 나타냈지만 1907년 이후 빛의 속도를 c로 나타내게 되었다. c는 빠름이라는 뜻의 라틴어 'celeritas'의 머리글자다.

1,000,000,000

백색왜성의 밀도(kg/m³)

백색왜성은 작은 별이 일생의 마지막 단계에 바깥층을 이루는 물질 대부분을 공간으로 방출한 후 남겨진 물질로 이루어진 별이다. 지구 크기 정도인 이 별의 핵에는 원래 별 전체 질량의 반 정도 질량이 포함되어 있다.

상대적으로 좁은 공간에 많은 물질이 집중되어 있기 때문에 백색왜성은 밀도가 아주 큰 별이다. 백색왜성이 되기 전 원래의 별은 1m³의 부피에 약 1톤의 물질이 포함되어 있지만 백색왜성의 1m³에는 100만톤의 물질이 들어 있다. 주기율표에서 가장 밀도가 높은 오스뮴의 22.6톤/m³과 비교해보면 백색왜성의 밀도가 얼마나 높은지 실감할 것이다.

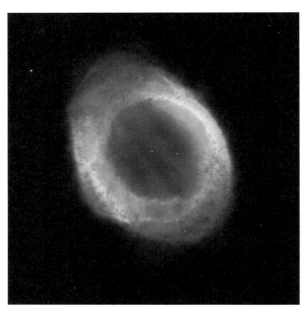

▲ 가락지 성운(고리성운, M57)은 행성상 성운이다. 태양도 미래에 이런 성운을 만들 것이다. 중심 부분에 백색왜성이 보인다.

백색왜성의 밀도는 꽤 높아 보이지만 또 다른 천체나 원자핵의 밀도와 비교하면 매우 낮다. 훨씬 더 큰 별의 잔해인 중성자성의 평균 밀도는 백색왜성의 1억 배나 된다(146쪽 참조). 양성자와 중성자가 좁은 공간에 모여 있는 원자핵의 밀도도 대략 중성자성의 밀도와 같다. 우리 몸을 비롯해 우리 주위의 모든 물체들이 50억 년 후에 태양이 죽어가면서 만들 백색왜성보다 밀도가 훨씬 더 높은 원자핵이라는 작은 주머니들을 가지고 있다는 것은 재미있는 일이다.

9,192,631,770

1초를 정의하는 데 사용되는 세슘 원자의 진동수

지구는 느슨한 시계다. 1초는 지구의 자전주기인 하루의 8만 6400분의 1로 정의했었다. 그러나 하루의 길이는 일정하지 않다. 지구의 자전 속도는 달과의 상호작용으로 느려지고 있다(42쪽 참조). 여기에 자연재해도 가세한다. 2010년 칠레에서 일어난 지진으로 하루의 길이가 1.26ms 짧아졌다.

계절적인 기후변화는 지구 곳곳에서 부는 바람의 세기에 영향을 주고, 이것은 지구의 자전 속도에 영향을 준다. 정확한 시간을 필요로 하는 현대에 이처럼 변화 가능성이 많은 지구의 자전 속도를 시간의 기준으로 삼는 것은 적당하지 않다. 따라서 물리학자들은 가장 정확한 시간 기준을 찾기 시작했다. 그리고 세슘 원소에 주목하게 되었다. 1967년에 1초를 '바닥상태에 있는 세슘−133 원자가 두 미세 준위 사이의 전이에 의해 방출하는 복사선 주기의 9,192,631,770배'로 새롭게 정의했다. 후에 세슘 원자가 0K의 온도에 있어야 한다고 좀 더 명확하게 했다. 원자시계는 중력에 의한 시간 지연 때문에 평균 해수면에서 측정해야 한다(52쪽 참조).

1초와 빛의 속도가 상수 값을 가지게 되었으므로 두 가지를 결합하면 1m를 정의할 수 있다. 1m는 빛이 299,792,456분의 1초 동안 진행한 거리로 정의되었다.

▼ 영국 미들섹스 테딩턴에 있는 영국국립물리학연구소(NPL)에서 1955년에 공개한 세계 최초의 세슘 원자시계.

13,798,000,000

우주의 나이(년)

　인류는 오랫동안 우주의 나이를 알아내려고 노력했다. 놀랍게도 19세기 말까지도 대부분의 사람들은 지구의 나이가 수천만 년 내지 수억 년 정도일 것으로 생각하고 있었다. 그러나 방사성동위원소를 이용한 현대적인 연대 측정 방법으로 측정한 결과, 지구의 나이가 45억 4000만 년이라는 것이 밝혀졌다.

아인슈타인의 실수

　20세기 초까지 우주의 나이에 대해 가장 널리 받아들여진 생각은 우주가 영원하다는 것이었다. 우주는 영원한 과거부터 존재했으므로 나이를 따진다는 것이 적절하지 않다는 것이었다. 1915년에 아인슈타인은 일방상대성이론을 발표하고, 이를 이용하여 정적인 우주 모델을 만들었다. 몇 년 후 러시아의 알렉산드르 프리드만Alexander Friedmann과 벨기에의 신부 조르주 르메트르Georges Lemaitre를 비롯한 여러 과학자들이 아인슈타인이 만든 우주 모델의 오류를 지적하면서 우주는 팽창하거나 수축하고 있어야 한다고 주장했다. 1929년에는 미국의 천문학자 에드윈 허블Edwin Hubble, 1889~1953이 우주가 팽창하고 있다는 것을 밝혀냈다. 우주가 팽창하고 있다면 과거의 우주는 오늘날의 우주보다 작았어야 한다. 이로 인해 갑자기 우주의 기원과 우주의 나이에 대한 문제가 다시 사람들의 관심을 끌게 되었다.

　허블은 은하에 대한 관측을 통해 허블 상수라고 부르는 상수의 값을 알아냈다(96쪽 참조). 단위를 적절하게 선택한 다음 허블 상수의 역수를 계산하면 우주의 나이를 구할 수 있다. 허블이 맨 처음 얻은 답은 20억 년이었다. 하지만 그것은 옳은 값일 수가 없었다. 이것이 우주의 나이라면 지구의 나이가 그보다 작아야 하기 때문이다. 처음으로 정확한 허블 상수를 측정한 사람은 1950년대에 활동했던 미국 천문학자 앨런 샌디지^{Allan Sandage}였다. 그 후 새로운 세대 망원경들이 더 정확한 허블 상수를 알아내 우주 나이도 점점 더 정확히 알 수 있게 되었다. 유럽우주국에서 플랑크 망원경을 이용하여 알아낸 최신 결과에 의하면, 우주의 나이는 137억 9800만 년이다. WMAP(Wilkinson Microwave Anisotropy Probe)를 이용하여 측정한 이전 값은 137억 년이었다.

에드윈 허블

미국 미주리의 마시필드에서 태어난 에드윈 파월 허블은 천문학의 역사에서 가장 중요한 사람 중 하나다. 1990년대에 우주 영상의 질을 혁명적으로 발전시킨 우주 망원경은 그의 이름을 따서 허블 망원경이라 부르고 있다.

고등학교와 대학에서 뛰어난 스포츠 선수로 활동한 허블은 육상에서 여러 개의 금메달을 받았고, 시카고 대학 농구팀 주장으로 활약하기도 했다. 그는 법률가가 되겠다는 아버지와의 약속을 지키기 위해 로즈 장학금을 받고 3년 동안 영국 옥스퍼드에서 법률을 공부하기도 했다. 그는 아버지가 세상을 떠나자 전공을 천문학으로 바꿔 비교적 늦은 나이인 스물여덟 살에 박사 학위를 받았다.

허블이 윌슨 산 천문대에 도착한 것은 당시로서는 세계에서 가장 큰 후커 망원경 설치가 거의 마무리되어가던 시기였다. 그는 이 망원경을 이용하여 우리 은하 밖에 또 다른 은하가 있다는 것을 증명했고, 멀리 있는 은하일수록 더 빨리 멀어지고 있다는 것을 발견했다. 따라서 그는 처음으로 우주가 유한한 나이를 가지고 있다는 것을 알아냈다.

93,000,000,000

관측 가능한 우주의 지름(광년)

천문학자들은 망원경으로 얼마나 멀리까지 볼 수 있을까? 천문학자들이 볼 수 있는 한계는 그들이 사용하는 장비 때문이 아니다. 아무리 좋은 망원경을 만들어도 더 이상 볼 수 없는 한계가 있다. 그 한계는 우주 탄생의 성격에서 비롯된 것이다. 우주 초기 38만 년 동안에는 우주가 전자와 양성자가 결합해 원자를 형성할 수 없을 정도로 온도가 높았다. 그동안에는 수많은 전자와의 충돌로 빛이 조금도 앞

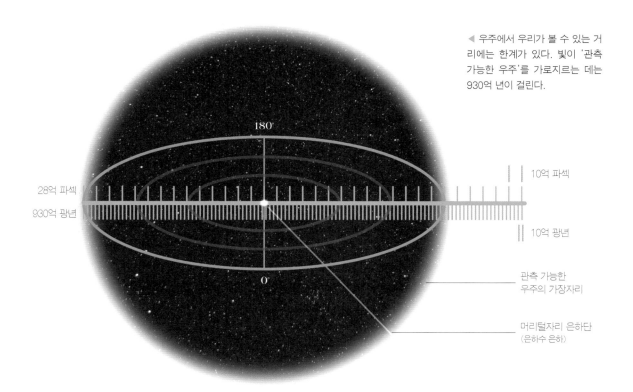

◀ 우주에서 우리가 볼 수 있는 거리에는 한계가 있다. 빛이 '관측 가능한 우주'를 가로지르는 데는 930억 년이 걸린다.

180°

10억 파섹

28억 파섹

930억 광년

10억 광년

0°

관측 가능한
우주의 가장자리

머리털자리 은하단
(은하수 은하)

으로 나갈 수 없었다.

전자와 원자핵이 결합하여 중성원자를 형성할 수 있을 만큼 온도가 내려간 후에야 빛의 일부가 후에 천문학자가 망원경으로 그 빛을 관측하게 될 지구가 형성될 지점을 향해 달리기 시작했다. 이 우주 초기의 빛이 우주 마이크로파 배경복사(CMB, 58쪽 참조)다. 우주배경복사는 우리가 볼 수 있는 가장 멀리 있는 것으로, 지구를 중심으로 구형의 경계를 형성하고 있다. 이를 관측 가능한 우주라고 한다. 관측 가능한 우주는 전체 우주의 일부다.

팽창하는 우주

최근의 관측 자료에 의하면 빅뱅은 138억 년 전에 있었다. 따라서 CMB 포톤은 우주 공간을 134억 년 동안 달렸다. 다시 말해 현재 우리에게 도달하는 우주배경복사는 134억 광년 떨어진 곳에서 출발한 빛이다. 그러나 이 거리는 빛이 우리를 향해 출발할 때 빛이 출발한 지점까지의 거리다. 빛이 우리를 향해 오고 있는 동안에도 우주는 계속 팽창해 그 지점이 이제는 우리로부터 훨씬 멀어지게 되었다. 우주 팽창 모델에 의하면, 그 지점까지의 현재 거리는 465억 광년이다. 이것이 관측 가능한 우주의 반지름이다. 따라서 관측 가능한 우주의 지름은 이 거리의 두 배인 930억 광년이다.

우주의 중심

관측 가능한 우주의 정의에 따르면, 우리는 관측 가능한 우주의 중심에 있지만 우리가 있는 곳이 우주의 중심은 아니다. 우주에는 중심이 따로 없기 때문이다.

쉽게 생각하면 우주에는 중심이 있어야 할 것 같다. 우주는 빅뱅과 함께 시작되었고 그 후 계속 바깥쪽을 향해 팽창해왔다. 그렇다면 우주에 빅뱅이 시작된 점이 있는 것이 논리적으로 맞는 이야기일 듯싶다. 예를 들어 방에서 폭탄이 터졌을 때 수사관은 파편들을 조사하여 어느 지점에서 폭발이 일어났는지를 알아낸다.

그런데 빅뱅과 폭탄이 터지는 사건 사이의 핵심적인 차이는 폭탄이 폭발하기 전에 방이 있었다는 것이다. 빅뱅을 폭탄의 폭발로 가정하면 이 폭발이 일어나기 전에는 방이 없었다. 폭발하면서 방도 만들어졌다. 따라서 현재 우주의 어느 지점이 빅뱅이 일어날 당시엔 어디에 있었는지 묻는다면 그 답은 항상 모든 것이 시작된 최초의 점이라고 할 수밖에 없다. 빅뱅은 모든 곳에서 동시에 일어났다. 따라서 우주에는 특별한 하나의 중심점 같은 것이 없다.

100,000,000,000

초신성의 온도(K)

커다란 별의 핵에서 핵융합에 의한 에너지 공급이 중단되면 별은 자신의 중력 때문에 수축하기 시작한다. 이 시점이 되면 별의 핵은 철로 이루어져 있다. 따라서 핵을 향해 밀려들어오는 물질은 철로 이루어진 매우 단단한 고체 표면에 충돌하면서 입자들이 빛에 가까운 속도로 튕겨나간다. 튕겨나간 입자들이 바깥층을 통과하면서 별은 초신성 폭발을 하는데 이때 온도는 1000억 도에 이른다. 초신성은 아주 밝아 은하를 이루는 별 전체보다 더 밝아지기도 한다. 이 과정을 자세히 보여주는, 가까운 곳에서 일어나는 초신성 폭발은 매우 드물다. 이런 형태의 초신성이 우리 은하 주위를 돌고 있는 소형 위성 은하인 대마젤란성운에서 1887년에 관측되었다. SN 1987A라는 공식 명칭으로 불리는 이 초신성은 1604년 이후 가장 가까이에서 관측된 초신성이다.

새로운 원소 만들기

초신성이 없었다면 우주에는 다양한 원소들이 존재하지 못했을 것이다. 빅뱅 직후에는 우주에 수소와 헬륨 그리고 약간의 리튬과 베릴륨만 존재했다. 수십억 년 동안 별들은 핵융합반응을 통해 수소와 헬륨 일부를 무거운 원소로 전환시킨다. 그러나 별 내부에서 일어나는 핵융합반응은 철 원소에서 끝난다. 철보다 더 무거운 원소를 계속 만들어내는 유일한 방법은 원자가 중성자를 흡수해 불안정한 동위원소를 만드는 것뿐이다. 이런 동위원소들은 방사성붕괴를 하면서 새로운 원소를 만들어낸다. '초신성 원자핵 합성' 메커니즘은 1954년에 영국 천문학자 프레드 호일^{Fred Hoyle}이 처음 제안했다.

중성자 흡수는 s-과정(느린 과정)과 r-과정(빠른 과정)을 통해 일어난다. 느린 흡수는 별의 일생 동안 일어나면서 철보다 무거운 원소를 소량 만들어낸다. r-과정은 불안정한 동위원소가 붕괴하는 데 걸리는 시간이 중성자를 흡수하는 데 걸리는 시간보다 길 때 일어난다. 이 과정을 통해 만들어질 수 있는 가장 무거운 원소는 비스무트다. 초신성이 폭발하는 동안 만들어지는 초고온과 높은 중성자 밀도 때문에 중성자 흡수 시간이 매우 짧아져 빠른 과정이 가능해진다. 불안정한 동위원소는 다른 더 많은 중성자들이 흡수되기 전에 붕괴할 시간이 충분하지 못해서 점점 더 무거운 원자핵이 만들어진다. 결국 중성자 밀도가 줄어들면 붕괴하여 새로운 원소가 만들어진다. 철보다 무거운 원소의 반 정도가 r-과정을 통해 만들어진다. 초신성 폭발의 엄청난 힘이 이 무거운 원소들을 우주 공간으로 날려 보낸다. 이 원소들은 우주 공간에서 다른 은하 물질과 섞여 분자 구름을 만든다. 시간이 지나면 이 구름이 붕괴하여 새로운 별이 된다.

▲ 허블 우주 망원경이 찍은 대마젤란성운(위)과 1987년에 관측된 초신성의 위치(아래).

적은 양의 물질은 새로 형성된 별 주위를 도는 행성을 만든다. 따라서 초신성이 없었다면 지구는 철보다 무거운 원소를 아주 조금밖에 가질 수 없었을 것이다. 무거운 원소들의 일부는 생명체를 이루는 물질 속에 포함된다. 미국의 유명한 천문학자 칼 세이건^{Carl Sagan}은 한때 "우리는 별 물질로 이루어졌다"라고 말했다.

125,000,000,000

힉스 보존 질량의 근삿값(eV/c^2)

입자물리학의 표준 모델은 물리학에서 가장 성공적인 이론 중 하나다(82쪽 참조). 중력을 설명할 수는 없지만 표준 모델은 원자보다 작은 세계의 구조와 강한 핵력, 약한 핵력 그리고 전자기력의 작용을 설명할 수 있다. 표준 모델의 성공은 나중에 입자가속기 실험을 통해 발견된 입자들의 존재를 예측한 것으로도 확인할 수 있다.

그러나 최근까지는 중요한 조각 하나가 빠져 있었다. 왜 포톤이나 글루온 같은 일부 입자들은 질량을 가지고 있지 않은 반면, W와 Z 보존은 큰 질량을 가지고 있을까? 1960년대에 영국의 피터 힉스[Peter Higgs, 1929~]와 벨기에의 프랑수아 앙글레르[Francois Englert, 1932~]는 독립적으로 이에 대한 설명을 제안했다. 하지만 그들은 현재 힉스장으로 알려진 새로운 것을 표준 모델에 더해야 했다.

▲ 피터 힉스와 프랑수아 앙글레르는 힉스 보존을 예측한 공로로 2013년 노벨 물리학상을 공동 수상했다.

우주 공간을 채우고 있다

힉스장은 우주 공간을 채우고 있다. 동물들은 바다를 각자의 방법으로 항해한다. 새들은 날아서 건너기 때문에 물의 저항을 받지 않는다. 돌고래는 물 밖으로 나왔다 들어갔다 하면서 빠른 속력으로 헤엄을 친다. 올림픽 수영 선수의 속도는 느린 편이지만 네 발을 허우적거리며 헤엄을 치는 개보다 느리지는 않다.

물리학에서 입자들의 질량은 입자들이 힉스장의 바다에서 얼마나 많은 저항을 받는지를 나타낸다. 포톤과 글루온은 방해를 받지 않고 날아 건너는 새와 같아 질량이 0이다. 전자는 약간의 저항만 받는 돌

고래와 같아서 작은 질량을 가지고 있다. 사람은 쿼크에 해당할 것이고, 아주 느리게 이동하는 개는 큰 질량을 가지고 있는 W와 Z 보존에 해당한다. 포톤은 전자기장을 만드는 보존이다. 힉스장도 힉스 보존을 필요로 한다. 힉스 보존은 힉스장의 바다를 이루는 물 분자에 해당한다. 입자가 더 많은 힉스 보존과 상호작용하면 이 입자는 더 많은 질량을 가지게 된다.

이런 생각은 이론적으로 볼 때 아무 문제가 없다. 그러나 이런 이론이 받아들여지기 위해서는 힉스 입자를 발견해야 했다. 힉스 입자가 발견되어야 표준 모델이 제자리를 잡게 된다. 힉스 입자를 발견하지 못하면 표준 모델은 올바른 모델이 아닐 수도 있다. 이런 조건에 맞는 듯한 입자가 1012년 7월 4일 LHC에서 발견되었다. 그리고 2013년 3월에 이 입자가 의심할 여지 없이 힉스 보존이라는 것이 확인되었다. 9개월 후 피터 힉스와 프랑수아 앙글레르는 노벨 물리학상을 공동 수상했다.

힉스 입자를 발견하는 데 수십 년이 걸린 이유 중 하나는 이 입자의 질량 때문이었다. 입자가속기에서 입자를 만들어내기 위해서는 찾아내려는 입자의 질량에너지에 해당하는 충분한 에너지를 가지고 입자들을 충돌시켜야 한다. 질량과 에너지 사이에는 $E=mc^2$의 관계가 있다. 입자물리학에서는 단위질량을 eV/c^2으로 나타내기도 한다. eV는 $1.6 \times 10^{-19} J$에 해당하는 에너지의 단위로, 힉스 입자의 질량은 1250억 eV($125GeV$)다. 따라서 이전의 입자가속기로는 발견할 수 없었다.

▲ 힉스장은 우주 공간을 가득 채운 바다와 같다. 질량은 이 힉스장 바다에서 '물'에 의해 얼마나 많은 저항을 받는지를 나타낸다.

150,000,000,000

태양에서 지구까지의 거리(m)

이미 몇 번 언급했던 것처럼 지구궤도는 타원이기 때문에 태양으로부터 지구까지의 거리는 매일 조금씩 달라진다. 태양으로부터 지구까지의 평균거리는 천문단위(AU)를 이용하여 나타낸다.

천문단위를 이용하면 태양계 안에서의 천체 사이의 거리를 나타내는 것이 훨씬 편리하다. 목성이 5.2AU(지구궤도 반지름의 5.2배) 떨어진 곳에서 태양을 돌고 있다는 것이 778,547,200,000m 떨어진 곳에서 태양을 돌고 있다는 것보다 훨씬 편리하다. 2012년 이후 1천문단위(1AU)의 정확한 거리는 149,597,870,700m로 정의하여 사용하고 있다.

우주 거리의 사다리

태양으로부터 지구까지의 거리는 태양계 안에서 우리의 위치를 이야기할 때만 사용되는 것이 아니다. 그것은 우주에서의 거리를 측정하는 기초가 된다. 천문학자들은 별이나 은하들이 얼마나 멀리 떨어져 있는지를 나타내기 위해 '우주 거리 사다리'라는 것을 이용한다. 어떤 방법은 가까이 있는 천체들 사이의 거리를 나타내는 데 편리하지만 거리가 멀어지면 불편해진다. 우주 거리 사다리는 여러 단으로 이루어진 사다리와 같다. 두 번째 단으로 올라가기 위해서는 우선 첫 번째 단에 올라가야 한다. 먼 천체들 사이의 거리를 나타내는 방법(높은 단)은 가까운 천체들 사이의 거리를 나타내는 방법(첫 번째 단)을 이용하여 결정된다. 우주 거리 사다리의 첫 번째 단이 바로 천문단위다.

태양과 지구 사이의 거리인 천문단위가 우주에서의 거리 측정에 어떻게 사용되는지 알아보기 위해 얼굴 앞에서 팔을 뻗고 손가락 하나를 세운 다음 왼쪽 눈을 감아보자. 이제 손가락이 멀리 있는 나무나 문틀 또는 창문 가장자리를 향하도록 해보자. 그러고는 빠르게 왼쪽 눈을 뜨고 우측 눈을 감아보자. 멀리 있는 물체를 기준으로 보면 손가락이 우측으로 움직인 것처럼 보일 것이다.

▲ 제임스 쿡(James Cook, 1728~1779, 좌)은 1769년에 있었던 금성의 태양면 통과를 관측하기 위해 항해한 배의 선장이었다. 요하네스 케플러(Johannes Kepler, 1571~1630, 우)의 연구를 통해 행성들이 어떻게 태양을 돌고 있는지를 알게 되었다.

이때 물체가 어느 정도 움직였는지를 기억해두고 손가락을 눈 가까이 가져오면서 이 실험을 반복해보자. 이번에는 손가락이 훨씬 더 많이 움직이는 것을 볼 수 있을 것이다. 다른 두 지점에서 보면(즉 두 개의 다른 눈으로 보면) 가까이 있는 물체가 멀리 있는 물체보다 더 멀리 움직인 것으로 보인다. 이번에는 우리의 두 눈 대신 두 개의 다른 지점에서 관측해보자. 지구가 태양을 도는 동안 한 지점에서 별을 관측한 다음 6개월 후 지구가 태양의 반대편에 왔을 때 다시 그 별을 관측해보자. 두 지점에서 관측했을 때 멀리 있는 천체들을 배경으로 별이 얼마나 움직였는지를 알면 기하학적 분석을 통해 별까지의 거리를 계산해낼 수 있다. 이때 우리가 알아야 할 것은 두 관측 지점 사이의 거리다. 그 거리는 태양에서 지구까지 거리의 두 배(2AU)다. 천문단위를 모르면 별들까지의 거리를 알 수 없다.

태양에서 지구까지의 거리는 우주에서의 거리 측정에 기반이 되는 중요한 값이지만 그것을 계산하는 것은 생각보다 어렵다. 17세기에 케플러가 행성 운동 법칙을 발표한 이후 태양에서 행성까지의 거리의 비는 알려져 있었다. 예를 들면 금성은 0.72AU 떨어진 거리에서 태양을 돌고 있다. 따라서 만약 금성이 태양으로부터 실제로 얼마나 멀리 떨어진 곳에서 태양을 돌고 있는지 알아내면 천문단위의 길이도 쉽게 계산할 수 있다. 하지만 그것도 말처럼 쉽지는 않다.

금성의 태양면 통과

그 당시 태양에서 금성까지의 거리를 측정하는 유일한 방법은 드물게 일어나는 금성의 태양면 통과를 이용하는 것뿐이었다. 금성이 지구보다 태양 가까이 있기 때문에 지구에서 볼 때 금성이 태양면을 통과하는 것처럼 보인다. 이때도 시차가 핵심 역할을 한다. 이 경우에는 금성이 가까이 있는 천체이고, 태양이 멀리 있는 배경 천체다. 금성의 태양면 통과를 지구의 두 다른 지점에서 관측하면 태양면 통과가 시작되는 시간과 끝나는 시간이 약간 다르게 측정된다. 두 관측 지점 사이의 거리를 알면 시차를 이용하여 금성까지의 거리를 알 수 있다(따라서 천문단위의 길이도 알 수 있다).

두 번의 금성의 태양면 통과는 대략 8년 간격으로 일어나지만 두 번의 태양면 통과가 일어난 후 다음 두 번의 태양면 통과가 일어날 때까지는 100년 이상 기다려야 한다. 최근의 금성의 태양면 통과는 2012년에 있었다. 따라서 다음번 금성의 태양면 통과는 2117년 이전에는 일

◀ 2012년에 있었던 금성의 태양면 통과 때 금성이 태양의 우측 위쪽에 작은 점으로 보이고 있다.

어나지 않을 것이다. 1627년에 케플러는 자신이 발견한 행성 운동 법칙을 이용하여 1631년에 일어날 금성의 태양면 통과를 예측했다. 그러나 이 태양면 통과는 유럽에서 관측할 수 없었기 때문에 기록에는 남아 있지 않다. 다행히 이 태양면 통과는 두 번의 태양면 통과 중 첫 번째여서 1639년의 태양면 통과까지는 오래 기다리지 않아도 되었다. 1639년 12월 4일 영국 천문학자 제러마이어 호록스^{Jeremiah Horrocks}는 금성의 태양면 통과를 관측하고 기록을 남긴 두 사람 중 하나였다. 호록스는 자신의 관측 자료를 이용하여 태양에서 지구까지의 거리가 약 95,600,000 km는 결과를 얻었다. 이것은 현재 우리가 알고 있는 값의 약 3분의 1에 해당한다.

태양면 통과를 이용하여 별들까지의 거리를 측정하는 데 바탕이 되는 천문단위의 길이를 정확히 아는 것이 매우 중요한 문제였으므로 18세기와 19세기에는 천문학자들이 전 세계에 흩어져 이 현상을 측정했다. HMS 엔데버호로 항해한 제임스 쿡^{James Cook} 선장의 가장 중요한 임무는 1769년에 있었던 금성의 태양면 통과를 타히티에서 관측하는 것이었다. 1770년 4월에 쿡 선장과 선원들은 오스트레일리아에 발을 디딘 첫 번째 유럽인들이 되었다. 프랑스의 천문학자 제롬 랄랑드^{Jérôme Lalande}는 1761년과 1769년에 있었던 금성의 태양면 통과 관측 자료를 이용하여 천문단위 길이가 1억 5300만 km라는 결과를 내놓았다. 이것은 현재 우리가 알고 있는 값과 2% 정도의 오차가 난다. 다른 천문학자들도 비슷한 값을 얻었다. 그리고 1874년과 1882년에 있었던 금성의 태양면 통과를 이용해 더 정확한 값이 계산되었다. 2012년에 있었던 금성의 태양면 통과 관측 자료를 이용한 결과는 0.007% 오차 내로 값이 좁혀졌다. 그러나 현대에는 시차 이용보다 더 정확한 값을 알아낼 수 있는 새로운 방법을 사용한다. 예를 들면 금성을 향해 전자기파를 발사하고 반사되어 돌아오는 데 걸리는 시간을 측정한다. 이 방법을 이용하면 천문단위 길이를 30m 오차 이내로 정확하게 측정할 수 있다.

$9{\times}10^{13}$

질량 1g의 에너지(J)

1905년에 아인슈타인이 발표한 특수상대성이론에 의해 유도된 방정식 $E=mc^2$에 의하면 에너지(E)와 질량(m)은 상호 변환이 가능하다. 이 식에서 c는 빛의 속도다. 그러나 에너지를 질량으로 전환하거나 질량을 에너지로 전환하는 것은 매우 어려운 과정이다. 엄청나게 큰 질량과 높은 온도를 가지고 있는 태양도 핵융합반응을 통해 질량을 에너지로 바꾸는 효율은 0.007%다(48쪽 참조). 만약 큰 물체가 가지고 있는 질량을 모두 순수한 에너지로 전환한다면 에너지 문제는 순식간에 해결될 것이다. 1g의 질량이 에너지로 바뀌어도 $9{\times}10^{13}J$의 에너지가 나오기 때문이다.

전 세계 인구가 2010년에 사용한 에너지의 총량은 $5{\times}10^{20}J$로 추정되고 있다. 2010년 현재 화석연료에 저장되어 있는 에너지는 한 해 동안 사용한 에너지의 100배 정도다. 따라서 이 비율대로 에너지를 계속 사용하면 100년이면 화석 에너지가 고갈될 것이다.

그렇다면 질량을 에너지로 바꿀 때는 어떨까? 얼마나 많은 질량을 에너지로 바꿔야 우리가 매년 사용하는 에너지를 감당할 수 있을까? 필요한 질량을 알아내기 위해 우리가 할 일은 에너지의 양을 빛의 속도 제곱으로 나누기만 하면 된다. 그렇게 하면 1년에 아프리카 코끼리 한 마리의 몸무게보다 작은 5.5톤이면 충분하다. 그러나 우리는 질량을 순수한 에너지로 바꾸지 못한다. 대신 태양에서 일어나는 반응을 흉내 내어 핵융합반응을 통해 에너지를 생산하려 하고 있다. 이렇게 해서 얻어지는 에너지는 이론적으로 가능한 에너지에 비하면 아주 적은 양이다.

9.46×10^{15}

빛이 1년 동안 달리는 거리(m)

우주에서 거리를 측정할 때는 새로운 단위를 사용하는 것이 편리하다. 1광년은 진공 중에서 빛이 율리우스력에 의한 1년(365.25일) 동안 달리는 거리다. 빛의 속도는 정확히 정의된 값이므로 1광년 역시 9,460,730,472,580,800m로 정확히 정의된 값이다.

광년과 같은 방법으로 광초, 광분, 광시간도 정의해서 사용할 수 있다. 이것은 태양계 안에서의 거리를 나타낼 때 편리하다. 달은 1.2광초 떨어져 있으며, 태양은 8광분보다 조금 더 떨어져 있다. 명왕성은 태양으로부터 평균 5.5광시간 떨어진 곳에서 태양을 돌고 있다. 가장 가까운 별인 프록시마켄타우리는 42.3광년 떨어져 있으며 우리 은하의 지름은 약 10만 광년이다.

일반인들을 대상으로 하는 매스컴에선 광년이라는 단위를 자주 사용하지만 천문학자들은 거리의 단위로 파섹(pc)을 자주 사용한다. 1pc은 3.26광년과 같은 거리다. 태양과 지구를 잇는 직선을 짧은 변으로 하고 별을 꼭짓점으로 하는 직각삼각형을 생각해보자. 이 직각삼각형에서 꼭지각이 1아크초(600분의 1도)일 때의 별까지의 거리가 1pc이다.

▼ 1파섹은 직각삼각형에서 가장 짧은 변의 길이가 1AU이고 꼭지각이 3600분의 1도일 때 두 번째로 짧은 변의 길이를 나타낸다.

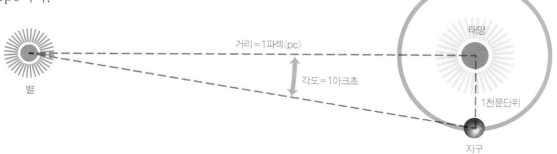

별   거리=1파섹(pc)   각도=1아크초   태양   1천문단위   지구

3.7×10^{17}

중성자성의 밀도(kg/㎥)

별이 죽을 때는 세 가지 과정 중 하나를 거치게 된다. 작은 별들은 백색왜성으로 일생을 마감하고(130쪽 참조), 거대한 별들은 블랙홀로 끝났다(162쪽 참조). 중간 크기의 별은 중성자성으로 일생을 마친다. 이런 별들은 찬드라세카르의 한계(56쪽 참조)보다 큰 질량을 가진 핵을 가지고 있어서 백색왜성이 될 수 없다.

원자핵과 밀도가 같다

핵이 중력 붕괴를 계속하면서 엄청난 압력으로 인해 전자가 양성자와 결합하여 중성자가 된다. 백색왜성 안의 전자들과 마찬가지로 이 중성자들도 파울리의 배타 원리(56쪽 참조)로 계속해서 압축할 수는 없다. 이 축퇴 압력이 중성자성을 유지시켜준다. 그러나 중성자들은 전자들보다 가까이 다가갈 수 있다. 백색왜성은 대개 지구 크기인 데 비해 중성자성은 지름이 30km 정도인 도시 크기다. 대략 비슷한 양의 질량이 훨씬 작은 공간에 집중되어 중성자성의 밀도는 매우 높다. 밀도가 3.7×10^{17}kg/㎥에서 5.9×10^{17}kg/㎥ 사이인 중성자성은 우주에서 가장 밀도가 높은 별이다. 중성자성의 밀도가 많은 중성자를 포함하고 있는 원자핵의 밀도와 비슷한 것은 어쩌면 당연한 결과다.

이런 높은 밀도는 우리로서는 상상하기도 힘들다. 중성자성의 물질 한 숟가락 분량은 지구에 살고 있는 모든 사람들의 몸무게를 합친 것보다 더 무거울 것이다. 중성자성 0.01 ㎦의 부피에는 지구 전체의

▲ 조슬린 벨 버넬(Jocelyn Bell Burnell, 1943~)과 앤터니 휴이시(Antony Hewish, 1924~)는 1967년에 처음으로 펄서를 발견했다.

질량과 같은 질량이 포함되어 있다. 우리 몸을 중성자성의 밀도가 되도록 압축한다면 우리 몸을 이루는 모든 원자들이 지름이 100만분의 1m인 세균 크기로 축소될 것이다. 중성자성은 우리가 생각할 수 있는 가장 극단적인 조건을 가진 별이다.

중성자성은 빠르게 회전하고 있다. 물리학에서는 각운동량이 보존돼야 한다. 달이 멀어지면 지구의 자전 속도가 느려져야 하는 것도 각운동량 보존법칙 때문이다(42쪽 참조). 피겨 스케이트 선수가 벌리고 있던 팔을 오므리면 회전속도가 빨라지는 것도 같은 이유다. 별은 보통 몇 주에 한 바퀴씩 자전한다. 그러나 중성자성처럼 작은 크기로 압축되면 자전 속도가 빨라져 1초에 여러 번 자전하기도 한다. 가장 빠르게 자전하는 밀리초 펄서는 1초에 1000번 자전한다.

▲ 게성운(M1)은 초신성 잔해의 가장 좋은 예다. 이 초신성은 1054년에 관측되었다.

강한 자기장

보존되어야 하는 또 다른 물리량은 자기장과 관련된 것이다. 별의 자기장 세기와 표면적을 곱한 값은 보존돼야 한다. 따라서 중성자성

가장 유명한 펄서

가장 널리 알려진 펄서는 황소자리에 있는 게성운 한가운데 있는 펄서일 것이다. 1054년에 중국 천문학자들은 아주 밝아서 낮에도 볼 수 있는 별이 나타났다는 기록을 남겼다. 우리는 현재 이 별이 게성운 펄서를 만들어낸 초신성 폭발이었다는 것을 알고 있다. 1초에 30번 자전하는 이 펄서는 가장 많이 연구된 펄서다.

으로 붕괴하면서 표면적이 크게 줄어들면 자기장의 세기가 강해져야 한다.

이렇게 강한 자기장의 세기로 인해 중성자성의 극에서는 강한 전자기파가 방출된다. 중성자성의 극이 지구를 향하고 있으면 우리는 중성자성의 회전에 따라 규칙적으로 반복되는 전자기파 신호를 수신하게 된다. 중성자성을 펄서(펄스 파동을 방출하는 별)라고도 부르는 것은 이 때문이다. 이 신호는 매우 규칙적이기 때문에 원자시계보다 더 정확한 시계로도 사용될 수 있다. 이중성을 이루고 있는 두 중성자성이 상호작용하는 방법은 아인슈타인의 일반상대성이론을 시험해보기에 좋다.

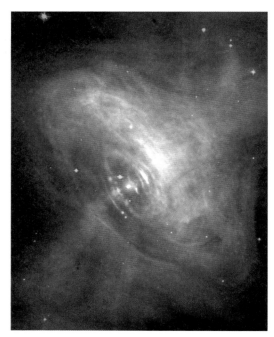

▲ 게성운의 중심에는 펄서라고 부르는, 빠르게 회전하는 중성자성이 있다. 이 중성자성은 1초에 30번 자전한다.

펄서와 초록 난쟁이

펄서는 1967년 11월 28일, 케임브리지의 천문학자 조슬린 벨Jocelyn Bell과 앤터니 휴이시Antony Hewish가 처음 발견했다. 그들은 1.33초 간격으로 이어지는 신호를 수신했는데 이는 지구에서 발생한 신호가 아니었다.

이런 규칙적인 신호는 외계인으로부터 온 것일 수도 있다는 생각에 이 발견은 LGM-1(Little Green Man-1)이라는 이름으로 불렸다. 그러나 이후 계속 발견된 비슷한 신호를 분석한 과학자들은 이 신호가 프리츠 츠비키Fritz Zwicky와 월터 바데Walter Baade가 1934년에 그 존재를 예측했던 빠르게 회전하는 중성자성이 내는 신호라는 것을 알게 되었다.

펄서에 관한 연구로 1974년 노벨 물리학상을 수상한 휴이시는 천문학자 중에서 노벨상을 받은 첫 번째 사람이 되었다. 그러나 벨이 공동으로 노벨상을 받지 못한 것에 대해서는 많은 논란이 있었다.

펄서와 외계인을 연관시키려는 노력은 계속되고 있다. 태양계 탐사를 마치고 우주로 날아가고 있는 보이저와 파이오니어 탐사선에는 열네 개의 펄서를 기준으로 지구의 위치를 알려주는 은하 지도가 있다.

6.02×10^{23}

아보가드로수(mol^{-1})

아보가드로수는 1몰의 물질 안에 포함된 분자의 수로, 보통 N_A라는 기호를 이용하여 나타낸다.

아메데오 아보가드로$^{\text{Amedeo Avogadro, 1776~1856}}$는 이탈리아 귀족 과학자로, 프랑스 화학자 조제프 루이 게이뤼삭$^{\text{Joseph Louis Gay-Lussac}}$의 연구를 발전시킨 사람이다.

1811년에 아보가드로는 일정한 압력과 온도에서 기체의 부피는 포함되어 있는 분자의 수에 비례한다고 제안했다. 이 원리는 후에 이상 기체 법칙으로 정리되었다(73쪽 참조). 아보가드로수는 프랑스 물리학자 장 페랭$^{\text{Jean Perrin}}$에 의해 20세기 초에 결정되었다. 이 수를 아보가드로수라고 부르자고 제안한 사람도 페랭이었다. 페랭은 아보가드로수를 결정한 공로로 1926년 노벨 물리학상을 받았다. 그런데 오스트리아의 과학자 요제프 로슈미트$^{\text{Josef Loschmidt}}$도 1860년대에 이미 아보가드로수를 계산해, 독일어 교과서 중 일부는 아직도 아보가드로수를 로슈미트의 수로 부르고 있다.

아보가드로수를 측정하는 한 방법은 전하량 분석법이다. 이 방법은 전자 1몰의 전하량을 측정하고 이것을 전자 하나의 전하량(기본전하량, 22쪽 참조)으로 나누는 것이다. 이 방법을 이용하면 1몰 안에 포함된 전자의 수를 알 수 있다. 오늘날에는 아보가드로수를 측정하기 위해 X선을 이용하여 결정을 이루고 있는 원자의 수를 알아낸다. 정밀한 측정 방법을 통해 우리는 현재 아보가드로수를 소수점 아래 여덟 자리까지 계산하고 있다.

▲ 물질 1몰 안에 포함되어 있는 분자의 수는 이탈리아 과학자 아메데오 아보가드로의 이름을 따서 아보가드로수라고 부른다.

2.2×10^{24}

텔루륨-128의 반감기(년)

원자가 불안정해서 물질을 이온화하기에 충분한 방사선을 방출할 경우 이런 물질을 방사성물질이라고 한다. 방사성물질이 내는 방사선에는 그리스 알파벳의 첫 세 글자를 따라 알파선(α), 베타선(β), 감마선(γ)이라고 부르는 세 가지가 있다.

알파붕괴에서는 두 개의 양성자와 두 개의 중성자로 구성된 알파입자(헬륨-4 원자의 원자핵과 같은)가 방출된다. 베타붕괴에서는 전자(또는 양전자)가 방출된다. 마지막으로 감마선은 전자기파 스펙트럼에서 감마선에 해당하는 포톤이다.

원자가 언제 붕괴할지를 예측하는 것은 가능하지 않다. 그러나 방사성물질의 반이 붕괴하는 데 걸리는 시간은 알 수 있다. 방사성물질의 반이 붕괴하는 데 걸리는 시간을 반감기라고 한다. 반감기는 물질에 따라 다르다. 하나의 양성자와 여섯 개의 중성자로 이루어진 수소-7의 반감기는 모든 물질의 반감기 중에서 가장 짧은 2.3×10^{-25}초다. 그런가 하면 52개의 양성자와 76개의 중성자로 이루어진 텔루륨-128은 가장 긴 반감기로 가지고 있는데 2.2×10^{24}년이나 된다. 따라서 텔루륨-128의 반이 붕괴하는 데 걸리는 시간은 우주의 나이보다 100조 배 더 길다.

방사선의 발견자들

방사선은 1896년 프랑스의 앙리 베크렐^{Henri Becquerel, 1852~1908}이 처음 발견했다. 방사성의 세기를 나타내는 단위인 베크렐(Bq)은 그의 이

자연 방사선

우리는 항상 자연 방사선에 노출되어 있다. 자연 방사선을 가장 많이 내는 물질은 암석에서 방출되어 공기 중에 포함되어 있는 라돈이다. 우리는 항상 라돈을 들이마시고 있다. 라돈의 반감기는 비교적 짧아 4일 정도다. 라돈이 붕괴할 때 방출하는 방사선은 허파에 작은 손상을 주며 오랜 시간에 걸쳐 축적될 수 있다. 매년 영국에서 1100명이 라돈이 방출하는 방사선으로 인한 폐암 때문에 목숨을 잃고 있는 것으로 추정되고 있다. 이 중 반은 흡연자에게서 발생한다. 영국에서 평균 실내 라돈 수치는 1 m³당 20 Bq이다. 비흡연자가 이것으로 폐암에 걸릴 확률은 흡연자에 비해 200분의 1 이하다.

▼ 앙리 베크렐(위), 마리 퀴리(Marie Curie, 1867~1934) 그리고 피에르 퀴리(Pierre Curie, 1859~1906)는 방사선 연구 분야의 창시자들이다.

름에서 딴 것이다. 1 Bq은 1초에 원자 하나가 붕괴하는 것을 나타낸다. 이전부터 사용한 단위에는 피에르와 마리 퀴리 부부의 이름을 딴 퀴리(Ci)도 있다. 1 Ci는 퀴리가 집중적으로 연구했던 라듐−266 1 g이 1초 동안 붕괴하는 수를 나타낸 것으로 3.7×10^{10} Bq과 같다. 1934년 세상을 떠난 마리 퀴리의 사인은 라듐에 노출된 것과 관련이 있었다. 피에르 퀴리는 1906년에 파리에서 마차에 치여 머리가 손상되는 사고로 사망했다.

이 세 과학자는 방사선에 대한 연구 업적으로 1903년 노벨 물리학상을 공동 수상했다. 마리 퀴리는 노벨상을 받은 첫 번째 여성이 되었으며 1911년에 다시 노벨 화학상을 받아 최초로 두 개의 노벨상을 받은 사람이 되었다. 지금까지 마리 퀴리는 두 번의 노벨상을 받은 유일한 여성으로 남아 있다.

$5.97×10^{24}$

지구의 질량(kg)

지구의 질량은 어떻게 측정할 수 있을까? 지구의 질량을 측정하는 것이 어렵기 때문에 지구의 질량을 알 수 없어 지구 구종에 대한 여러 가지 재미있는 아이디어들이 제안되었다. 에드먼드 핼리^{Edmund Halley}를 비롯한 천문학자들은 지구 내부가 비어 있다고 생각했다. 1692년에 발표된 논문에서 핼리는 비어 있는 지구의 내부에서 방출된 기체가 오로라를 만들어낸다고 주장하기도 했다. 이 논문을 발표하기 몇 년 전인 1687년에(112쪽 참조) 뉴턴이 《프린키피아》를 통해 중력의 기초를 놓았음에도 불구하고 그 당시에는 지구의 질량을 측정할 방법이 없었다.

뉴턴은 자신의 중력이론을 이용하여 행성 운동에 관한 케플러의 제3법칙을 유도했다. 이 법칙은 천체의 질량을 태양으로부터 행성까지의 거리와 공전주기의 함수로 나타낼 수 있게 했다. 따라서 이론적으로는 달을 이용하여 지구의 질량을 알 수 있다. 달까지의 거리는 기원전 240년경에 그리스 천문학자 아리스타르코스^{Aristarchus}가 처음 예측했다. 달의 공전주기는 위상 변화를 관측하면 알 수 있다.

그러나 문제는 뉴턴의 식에 중력 상수 G(28쪽 참조)가 포함되어 있다는 것이었다. 정확한 G의 값은 1798년 헨리 캐번디시^{Henry Cavendish}가 측정하기 전까지는 알려져 있지 않았다. 이 값을 일찍 알았더라면 지구의 질량이 $5×10^{24}$kg 정도 된다는 것을 알 수 있었을 것이고, 그렇다면 핼리도 지구 중심이 비어 있다는 주장을 하지 않았을 것이다.

지구의 질량은 갈릴레이가 17세기 초에 계산해낸 중력가속도 g(74쪽 참조)로부터도 결정할 수 있다. 그러나 이 경우에도 정확한 G의 값

네빌 매스캘라인

런던 출신의 매스캘라인은 최초로 세상의 무게를 측정했지만 바다에서 경도를 측정하는 문제와 관련해서 더 널리 알려져 있다.

당시 바다를 항해하는 선박이나 선원은 자신의 위치가 동쪽이나 서쪽 어디에 있는지를 정확히 측정하지 못해 많은 어려움을 겪고 있었다. 1714년에 영국 정부는 경도에 관한 법률을 통과시켰다. 이 법률에서는 바다에서 경도를 측정하는 문제를 해결하는 사람에게 £20,000을 주겠다고 했다. 1675년 이 문제의 천문학적인 해결 방법을 모색하기 위해 그리니치에 왕립천문대가 설립되었다. 매스캘라인은 1765년 왕립천문대 대장에 임명되었다.

상금을 받은 사람은 시계 제작자였던 존 해리슨John Harrison이었다. 이 이야기는 데이바 소벨Dava Sobel이 쓴 《경도Longitude》에 자세히 소개되어 있다. 소벨은 이 책에서 매스캘라인을 나쁜 사람, 해리슨을 영웅으로 묘사했다. 그러나 역사학자들 중에는 소벨의 주장에 동의하지 않고 역사적 사실을 바탕으로 매스캘라인의 명예를 회복하려 하고 있다. 확실한 사실은 매스컬린이 최초로 지구의 질량을 정확하게 측정했으며, 그 당시 알려져 있던 태양계의 모든 행성들의 질량을 측정한 사람이라는 것이다.

을 알아야 지구의 질량을 계산해낼 수 있다.

지구 질량 측정하기

지구 질량을 최초로 측정한 사람은 왕립천문대 핼리의 후임 중 하나인 네빌 매스캘라인Nevil Maskelyne, 1732~1811이었다. 매스캘라인이 이끄는 연구팀은 1774년 여름에 스코틀랜드에서 뉴턴이 제안했던 산을 이용하여 지구 질량을 측정하는 실험을 했다. 산 옆에 설치한 진자에는 세 힘이 작용한다. 하나는 아래쪽으로 작용하는 지구의 중력이었고, 다른 하나는 산의 중력으로 진자를 옆으로 끌어당기는 힘이었으며, 마지막 힘은 위쪽으로 작용하는 줄의 장력이었다. 산에 의한 중력으로 인해 추는 수직에서 약간 옆으로 움직일 것이다. 추가 정지해 있는 경우에는 세 힘이 평형을 이루어야 한다. 지구의 질량과 산의 질량이 처음 두 힘을 결정한다. 따라서 산의 질량을 알고 추가 기울어진 각도를 알면 지구의 질량을 계산할 수 있을 것이다. 매스캘라인은 신중하게 실험할 산을 선택했다. 그가 선택한 산은 퍼트셔의 시할리온이었다. 시할리온은 다른 산들로부터 멀리 떨어져 있었기 때문에 추가 기울어진 것이 이 산 때문이라고 확신할 수 있었다. 그리고 이 산은 거의 완전한 원뿔 모양이었기 때문에 비교적 쉽게 산의 부피를 계산할 수 있었다. 매스캘라인의 동료였던 수학자 찰스 허튼^{Charles Hutton}은 수평선을 이용하여 산을 분리하고 각 부분의 부피를 계산한 다음 그것을 합했다. 이 일을 하는 동안 현재 거의 모든 지도에서 사용하는 등고선의 개념이 확립되었다. 질량을 구하기 위해서는 부피에 밀도를 곱하면 된다. 따라서 산을 이루고 있는 물질의 밀도를 알면 산의 질량을 계산해낼 수 있다.

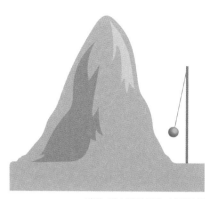

▲ 네빌 매스캘라인은 시할리온 산 쪽으로 추가 기울어지는 각도를 측정하여 지구의 질량을 측정했다.

지구 내부 구조에 대한 힌트

이론적으로 매스캘라인의 실험은 매우 간단한 것이었지만 실제로는 매우 힘든 작업이었다. 매스캘라인과 그의 연구팀은 산을 측정하고 추가 기울어지는 정도를 정확히 알아내기 위해 시할리온 산 기슭에서 비바람을 맞아가며 17주를 보내야 했다. 이와 같은 그들의 노력은 결실을 맺어 지구 질량을 현재 받아들여지는 값의 20% 내에서 알아낼 수 있었다. 이들의 노력으로 지구 내부가 비어 있지 않다는 것이 처음으로 확실해졌다. 그리고 내부가 암석으로 이루어져 있지 않다는 것도 알게 되었다. 지구 내부에는 암석보다 밀도가 높은 물질이 있어야 했다. 이것이 지구 중심에 있는 철로서, 핵의 존재에 대한 첫 번째 힌트였다. 철로 이루어진 지구의 핵은 자기장을 만들어내 오로라가 생기는 원인의 하나가 되고 있다. 지구의 내부와 오로라를 연결시킨 핼리의 설명은 옳지 않은 것이었지만 오로라가 발생하는 이유가 지구 내부에 있었던 것은 사실이었다.

▲ 스코틀랜드에 있는 시할리온 산은 원뿔 모양이어서 부피를 쉽게 계산할 수 있었으므로 네빌 매스캘라인은 이 산을 지구 질량을 측정하는 실험 장소로 선택했다.

　그러나 매스캘라인은 중력 상수 G값을 결정하는 중요한 문제에 관심을 보이지 않았다. 지구의 질량을 알게 되었으므로 이를 바탕으로 캐번디시보다 수십 년 앞서 G값을 계산해낼 수 있었지만 G값을 계산하는 것은 그의 목표가 아니었다. 그는 지구뿐만 아니라 태양계 전체의 질량을 알고 싶어했다. 그 당시에는 G값을 모르고 있었기 때문에 다른 행성의 질량은 지구 질량의 몇 배인지만 알려져 있었다. 지구 질량을 알게 된 매스캘라인은 다른 행성의 질량도 계산할 수 있었다.

　목성과 토성의 밀도가 암석의 밀도보다 작다는 것도 알아내 이들이 거대한 기체 행성이라는 것도 최초로 알아냈다. 현대에는 $M_\oplus$라는 기호로 나타내는 지구의 질량이 태양계 밖에서 발견된 외계 행성들의 질량을 나타내는 데도 사용되고 있다.

3.86×10^{26}

태양이 1초 동안 방출하는 에너지(J)

태양이 얼마나 많은 에너지를 방출하고 있는지를 알아내는 유일한 방법은 지구가 받는 에너지로부터 거꾸로 계산하는 것이다. 반지름이 태양과 지구 사이의 거리와 같은 태양을 둘러싼 커다란 구를 생각해보자. 구 표면의 작은 면적에 도달하는 에너지를 측정하면 기하학적 계산을 통해 태양이 방출하는 에너지의 총량을 알아낼 수 있다. 따라서 태양이 방출하는 에너지의 총량은 태양상수(108쪽 참조)에 구의 표면적(4π×태양과 지구사이의 거리²)을 곱하면 구할 수 있다. 그 결과는 $3.83 \times 10^{26} J/s$이다. 지구의 궤도가 타원이라는 점을 감안하면 이 값이 약간 더 커진다.

이 에너지는 태양이 가시광선뿐만 아니라 모든 파장의 전자기파 형태로 방출하는 에너지의 총합이다. 이 값을 태양의 광도라고 하며 보통 $L_\odot$이라는 기호를 이용하여 나타낸다. 천문학자들은 모든 파장을 감안한 밝기를 복사 광도라고 한다. 이에 대해 가시광선의 밝기만을 가리킬 때는 가시 광도라고 한다. $L_\odot$는 다른 별들의 밝기를 비교할 때 편리한 단위다. 가장 온도가 높은 푸른 별의 광도는 $10^6 L_\odot$이고, 가장 어두운 붉은 별의 광도는 $0.0001 L_\odot$이다.

$1.29×10^{34}$

양성자 반감기의 최솟값(년)

지난 반세기 동안 많은 물리학자들이 네 가지 기본적인 힘을(66쪽 참조) 하나의 체계로 통일하려고 노력했다. 네 힘을 통합한 이론을 전능 이론(TOE)이라고 부르기도 한다. 표준 모델(82쪽 참조)에 의하면, 양성자는 안정해서 붕괴하지 않는다. 그러나 일부 TOE 이론에서는 양성자도 붕괴해야 한다고 주장한다. 양성자는 양전자와 중성 파이온으로 붕괴한다. 그러나 아직까지 양성자를 붕괴하는 실험에 성공한 적은 없다.

일본에 설치된 슈퍼 가미오칸데 중성미자 실험 시설을 이용하면 양성자 붕괴를 확인할 수 있는 실험을 할 수 있다. 한때 광산이었던 지하 1000m에 5만 톤의 물을 담고 있는 탱크가 설치되어 있고, 탱크 주변에는 1만 1000개나 넘는 광 감지기가 설치되어 있다. 이 광 감지기는 물속에서 양성자가 붕괴할 때 만들어지는 양전자가 만들어내는 빛을 감지할 수 있도록 설계되었다. 하지만 1996년에 가동을 시작한 이후 아직 양성자 붕괴와 관련된 빛을 관측하지 못했다.

대신 지금까지 아무것도 발견하지 못함으로써 이 실험은 양성자 수명의 최소 한계를 설정할 수 있도록 했다. 이렇게 해서 설정된 양성자의 수명은 최소 $1.29×10^{34}$년이다. 이것은 일부 TOE 이론을 배제시킬 수 있도록 했다. 이 이론들이 예측한 양성자 수명이 이 값보다 훨씬 작기 때문이다. 그러나 다른 일부 TOE는 양성자의 반감기를 약 10^{36}년으로 예측하고 있다. 따라서 아직 양성자가 붕괴될 가능성은 남아 있다.

▼ 확실하게 증명하는 일이 남아 있기는 하지만 양성자는 아주 오랜 반감기를 가지고 더 작은 입자로 붕괴하는 것으로 추정된다.

양전자

양성자

감마선

π^0

감마선

$\sim 10^{40}$

양성자와 전자 사이에 작용하는 중력과 전자기력의 비

자연에 존재하는 네 가지 힘(66쪽 참조) 중에서 중력은 가장 약한 힘이다. 지구 전체에 중력이 작용하고 있는데도 불구하고 큰 힘 들이지 않고도 땅 위에서 높이 뛸 수 있고, 공을 하늘 높이 날려 보낼 수도 있으며, 작은 자석으로도 큰 어려움 없이 물건을 매달아놓을 수도 있다.

수소는 양성자 하나로 이루어진 원자핵과 그 주위를 도는 하나의 전자로 이루어졌다. 양성자와 전자는 같은 크기의 질량을 가지고 있고, 전하량은 같지만 부호가 반대인 전하를 가지고 있기 때문에 둘 사이에는 중력과 전자기력에 의한 인력이 작용한다. 그러나 보어 반지름(27쪽 참조) 정도 떨어진 거리에서 전자기력의 세기는 중력의 세기보다 1만×1조×1조×1조(10^{40}) 배 더 강하다.

여분의 차원

중력이 이렇게 약한 이유는 아직까지도 신비에 싸여 있다. 이런 중력의 수수께끼를 계층 문제라고 한다. 이에 대한 한 가지 설명은 끈 이론으로부터 제공되었다. 끈 이론에 따르면, 쿼크는 우리가 일상생활에서 경험하는 공간과 시간으로 이루어진 4차원보다 더 많은 차원에서 진동하는 작은 끈으로 이루어졌다고 한다. 여분의 차원은 플랑크 길이 크기로 작게 말려 있다. 따라서 우리는 여분의 차원을 볼 수 없다(77쪽 참조). 중력이 상대적으로 약한 것에 대한 한 가지 설명은 중력이 여느 힘들과는 달리 모든 차원으로 퍼져나가기 때문에 우리가 경험하는 중력은 실제보다 약하게 된다는 것이다.

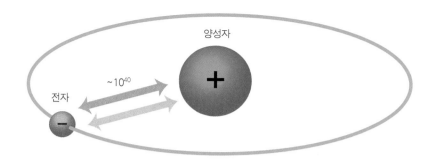

양성자

전자

~10^{40}

만능 이론이라고도 불리는 중력에 관한 양자 이론이 만들어지면 이것을 설명하는 데 큰 도움이 될 것이다. 그런 이론에서는 우주의 나이가 플랑크 시간 정도 되었을 때 중력이 다른 세 가지 기본적인 힘들과 분리되기 이전의 상태를 설명할 수 있게 할 것이다. 이런 조건을 다시 만들어내기 위해서는 LHC와 같은 입자가속기의 에너지가 현재 가능한 에너지보다 10^{18}배 큰 플랑크 에너지 정도는 되어야 할 것이다. 또 이와 관련된 문제를 다루는 또 다른 방법이 어딘가에 있을 것이다.

우리는 아직 중력을 매개하는 보존을 발견하지 못했다. 강한 핵력은 글루온을 가지고 있고, 약한 핵력은 W와 Z 보존을 가지고 있으며, 전자기력은 포톤을 가지고 있다. 그러나 아직 그래비톤은 가상적인 입자에 머물러 있다. 여느 보존들과 달리 그래비톤은 여분의 일곱 차원으로 달아나버려 발견하기 어려운 것은 아닐까? LHC에서 일하고 있는 과학자들은 그러한 가능성에 대해 세심히 관찰하고 있다. 그래비톤이 존재한다면 세계에서 가장 큰 충돌가속기 안에서 입자의 충돌을 통해 만들어낼 수 있을 것이고, 그렇게 되면 에너지와 운동량의 불균형과 같은 흔적을 남길 것이다. 이 두 가지 물리량은 입자가 충돌할 때 항상 보존되는 양이다. 따라서 사라진 에너지와 운동량을 조사하면 사라진 입자가 이론적으로 예측한 그래비톤의 성질과 같은지를 확인해볼 수 있을 것이다. 중력의 세기가 다른 힘들의 세기보다 약한 이유를 설명하는 것은 현대물리학이 해결해야 할 가장 중요한 문제들 중 하나이다.

$\sim 8 \times 10^{36}$

우리 은하 중심에 있는 블랙홀의 질량(kg)

　도시의 불빛과 멀리 떨어진 곳에서 맑은 날 밤하늘을 올려다보면 하늘을 가로지르는 먼지로 이루어진 것처럼 보이는 은하수를 볼 수 있다. 이것이 태양계가 속해 있는 은하수 은하다. 은하수 은하가 이런 모습으로 보이는 것은 우리가 그 한가운데 있기 때문이다. 은하수 은하의 모습은 두 개의 에그 프라이를 겹쳐놓은 것 같다. 은하의 중심부에는 달걀노른자 모양을 한 두꺼운 부분이 있고 그 주위에는 훨씬 얇은 흰자가 둘러싸고 있다. 천문학자들은 이 두 부분을 팽대부와 원반부라고 부른다. 태양은 중심으로부터 중간쯤 되는 거리에 있다. 따라서 에그 프라이의 흰자 부분 안에 있다면 전체가 어떤 모양으로 보일까? 흰색의 얇은 띠가 우리 양쪽에서 나와 서로 연결되어 있고 가운데 부분이 두껍게 보일 것이다. 우리가 밤하늘에서 보는 은하수

◀ 블랙홀은 중력에 의해 시공간이 심하게 휘어져 있어 빛도 탈출할 수 없는 공간이다.

가 바로 그 모습이다. 태양은 은하의 다른 별들과 함께 은하 중심을 돌고 있다. 태양이 은하를 한 바퀴 도는 데는 약 2억 2000만 년이 걸린다. 그렇다면 우리는 은하 중심에 있는 무엇 주위를 돌고 있을까?

보이지 않는 야수

가시광선에 민감한 망원경으로는 은하의 중심을 관측하는 것이 매우 어렵다. 은하 중심 부분에 있는 많은 양의 먼지와 기체가 가시광선을 차단하기 때문이다. 따라서 천문학자들은 적외선 망원경을 이용하여 먼지를 뚫고 은하의 중심을 들여다본다. 미국 캘리포니아 대학 로스앤젤레스(UCLA)의 한 연구팀은 1990년대 중반부터 하와이에 있는 마우나케아에서 은하의 중심부를 연구하고 있다. 그들의 관측 결과, 은하 중심 부근의 별들이 불과 한두 달 정도의 주기로 은하 중심을 돌고 있다는 것을 알게 되었다. 이 별들은 모든 파장의 전자기파로 관측할 수 없는 천체 주위를 돌고 있는 것처럼 보였다.

그들은 별들의 속도와 중심으로부터의 별들까지의 거리를 케플러의 행성 운동 법칙에 대입하여 보이지 않는 천체의 질량을 계산했다. 놀랍게도 은하 중심에 있는 천체의 질량은 태양 질량의 41만 배(약 8×10^{36} kg)에 가까웠으며 별들은 안정한 궤도운동을 하고 있었다. 은하 중심에 있는 천체는 태양계보다 작은 공간을 차지하고 있었다. 이런 조건에 맞는 유일한 천체는 블랙홀이다(162쪽 참조). 그것은 이 천체가 왜 보이지 않는지도 설명해준다. 블랙홀은 빛을 포함해 모든 것을 집어삼키기 때문이다.

그러나 우리 은하 중심에 있는 블랙홀이 가장 큰 블랙홀은 아니다. 약 5000만 광년 떨어져 있는 M87 은하의 중심에는 태양 질량의 70억 배에 달하는 질량(1.4×10^{40} kg)을 가진 블랙홀이 자리 잡고 있다. 이 블랙홀에 비하면 우리 은하 중심에 있는 블랙홀은 소형이다. M87 은하에서는 중심 블랙홀에서 뿜어져 나오는 거대한 플라스마 제트도 관측된다. 이 제트는 공간으로 5000광년까지 뻗어 있다. 은하 중심에 있는 거대한 블랙홀은 작은 블랙홀이 결합하여 만들어졌을 것으로 추정된다.

▲ 미국 네바다 주 블랙록 사막에서 관측한 은하수. 은하의 중심에 거대한 블랙홀이 자리 잡고 있다.

$2{\times}10^{67}$

태양 크기의 블랙홀이 붕괴하는 데 걸리는 시간(년)

모든 별들은 죽는다. 그 과정은 별들의 질량에 따라 달라진다. 일생의 마지막 단계에서 태양 크기 정도의 별들은 수소 핵융합반응에서 헬륨의 핵융합반응으로 바뀌겠지만 더 이상의 핵융합반응은 일어나지 않을 것이다. 더 무거운 별의 중력 붕괴는 별의 내부 온도를 1억 도 이상 올릴 것이다. 그렇게 되면 헬륨보다 더 무거운 원자핵의 핵융합반응이 일어나 탄소, 산소, 규소, 황으로 이루어진 층들이 만들어질 것이다. 그러나 이러한 핵융합반응은 철 원자핵에서 끝난다. 철보다 무거운 원자핵이 핵융합반응을 하면 에너지를 방출하는 것이 아니라 에너지를 흡수하기 때문에 별 내부에서 일어날 수 없다. 따라서 죽어가는 무거운 별은 밀도가 아주 높은 철로 이루어진 핵이 자리 잡고 있다.

▲ 영국의 물리학자 스티븐 호킹은 블랙홀도 오랜 시간이 지나면 증발할 것이라고 예측했다.

탈출 불가능한 천체

핵융합반응이 정지되면 중력에 대항하여 별을 밀어낼 에너지가 공급되지 않는다. 중력 붕괴로 인해 별 중심의 온도와 밀도가 충분히 높아지면 초신성 폭발이 일어난다. 초신성 폭발이 일어나면 철로 된 핵은 몇 초 동안에 작은 점으로 붕괴한다. 핵을 이루고 있던 모든 질량은 원자보다 훨씬 작은 점으로 집중된다. 이 점은 별을 이루고 있던 대부분의 질량을 포함하고 있다. 이렇게 밀도가 높은 새로운 천체에서의 탈출속도(78쪽 참조)는 빛의 속도보다 빨라진다. 빛의 속도는 모든 속도 중에서 가장 빠르기 때문에(126쪽 참조) 탈출속도가 빛의 속도보다 빨라지면 아무것도 탈출할 수 없게 된다. 이런 천체를 우리는

'블랙홀', 탈출속도가 빛의 속도보다 빨라지는 지점을 '사건의 지평선'이라 부른다.

영국 물리학자 스티븐 호킹$^{Stephen\ Hawking,\ 1942~}$ 에 의하면 블랙홀과 관련된 문제는 그렇게 단순하지 않다. 진공도 완전히 빈 공간이 아니라는 것은 오래전부터 알려져왔다(23쪽 참조). 진공 속에서도 입자와 반입자 쌍이 순간적으로 만들어졌다가 다시 에너지로 사라진다. 양자역학의 법칙, 특히 하이젠베르크의 불확정성원리에 의하면 진공 중에서 만들어진 가상 입자 쌍은 진공에서 빌려온 에너지를 되돌려주기 위해 다시 결합하여 에너지로 사라져야 한다. 그러나 블랙홀의 사건의 지평선 위에서 이런 사건이 일어나면 어떻게 될까?

한 입자는 블랙홀 안으로 빨려 들어가고, 다른 한 입자는 블랙홀에서 탈출할 수도 있다. 이런 입자들은 영원히 헤어져야 하기 때문에 다시 결합하여 에너지를 되돌려줄 수 없다. 호킹의 분석에 의하면, 블랙홀이 어떤 방법으로든 에너지를 방출하여 진공에 진 빚을 갚아야 한다. 호킹의 이론이 사실이라면 이러한 '호킹 복사'로 인해 블랙홀은 완전히 검은 것이 아니라 약하게 빛을 내게 된다. 이것은 블랙홀도 호킹 복사를 통해 에너지를 방출하고 점차 증발한다는 것을 의미한다. 그러나 이것은 매우 느리게 일어나는 과정이다. 블랙홀이 완전히 증발하여 사라지는 데 걸리는 시간은 블랙홀의 질량에 따라 달라진다. 태양 크기의 질량을 가지고 있는 블랙홀이 증발해 사라지는 데는 2×10^{67}년이 걸릴 것으로 계산되었다. 이것은 우주 나이에 10억×1조×1조×1조×1조를 곱한 것보다도 긴 시간이다.

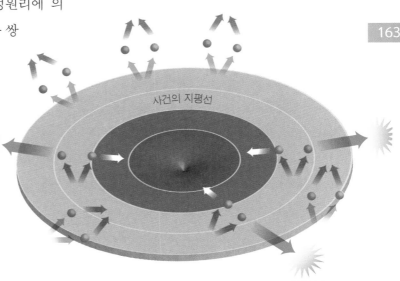

호킹 복사

▲ 블랙홀의 사건의 지평선 위에서 입자/반입자 쌍이 만들어지면 이것은 호킹 복사로 이어지고 결국에는 블랙홀의 증발이 일어나게 될 것이다.

1×10^{80}

관측 가능한 우주에 포함된 원자의 수

    우주에 몇 개의 원자가 있는지를 안다는 것은 매우 어려운 일이다. 그러나 여러 가지 방법으로 추정한 원자의 수는 대략 10^{78}에서 10^{82}개 사이이다. 우주에 존재하는 원자의 수를 계산하는 방법 중 하나는 별 하나에 얼마나 많은 원자가 포함되어 있는지를 추정해보고, 은하에 몇 개의 별이 있는지, 그리고 관측 가능한 우주에 얼마나 많은 은하가 있는지 알아보는 것이다.

    우선 태양부터 시작해보자. 대부분 이온화된 수소, 즉 전자를 잃은 수소 원자핵인 양성자로 이루어진 태양의 질량은 약 2×10^{30}kg이다. 양성자 하나의 질량은 1.6726×10^{-27}kg이다(17쪽 참조). 따라서 태양에 포함된 원자의 수는 대략 10^{57}개다. 태양은 우리 은하에 포함되어 있는 2000억 내지 4000억(10^{11}) 개의 별 중 하나다. 태양을 평균 크기의 별이라고 한다면 우리 은하에 포함된 원자의 수는 10^{68}이 된다. 그리고 대우주 관측 결과에 의하면 관측 가능한 우주에는 1000억 개 내지 2000억 개의 은하가 있다. 따라서 관측 가능한 우주에 존재하는 원자의 수는 10^{79}이 된다. 그리고 행성, 위성, 소행성, 혜성 그리고 성간 먼지나 기체에 포함된 원자처럼 계산에 넣지 않은 원자들이 있다. 이런 원자의 수는 별에 포함된 원자의 수에 비해 아주 적어 지수 하나를 증가시키는 정도일 것이다. 따라서 우주 전체에 포함된 원자의 수는 10^{80}이라고 추정할 수 있다.

$5.2{\times}10^{96}$

플랑크 밀도(kg/m³)

우주가 팽창하고 있다는 것은 먼 과거에는 우주의 크기가 작았다는 것을 의미한다. 따라서 우주의 모든 물질이 한 점에 모여 있던 시점이 있다고 보는 것이 논리적으로 타당하다. 그러나 불행히도 현재 우리가 알고 있는 물리법칙으로는 $t=0$ 시점까지 돌아갈 수 없다. 이 점에서는 물리법칙이 붕괴되기 때문이다. 따라서 우리가 이야기할 수 있는 가장 이른 시간은 플랑크 시간(10쪽 참조)이다. 플랑크 시간은 $5.39{\times}10^{-44}$초다. 이 시간 전에는 일반상대성이론으로 기술하는 중력과 양자 이론으로 설명하는 나머지 세 힘이 하나의 힘으로 통합되어 있었을 것이다. 현재 우리는 양자 이론과 일반상대성이론을 통합하는 이론을 가지고 있지 않다. 따라서 플랑크 시간 이후에 대해서만 설명할 수 있다.

우리가 생각해볼 수 있는 한 가지 문제는 이 시점의 우주 밀도는 얼마나 되었을까 하는 것이다. 모든 밀도와 마찬가지로 이 시점의 밀도도 질량을 부피로 나눈 값이다. 플랑크 시간과 함께 플랑크 길이, 플랑크 질량 그리고 플랑크 부피도 정의할 수 있다. 이 양들을 결합하여 계산하면 이 시점의 밀도는 $5.16{\times}10^{96}$kg/m³이 된다는 것을 알 수 있다. $E=mc^2$의 식을 이용하면 이 시점의 질량–에너지 밀도도 계산할 수 있다. 플랑크 밀도에 빛의 속도 제곱을 곱하면 이 시점의 질량–에너지 밀도는 $4.63{\times}10^{113}J$/m³이라는 것을 알 수 있다.

▼ 빅뱅 우주 모델은 우주가 매우 작고 밀도가 높았던 한 점에서 140억 년쯤 전에 시작되었다고 설명하고 있다.

$1×10^{120}$

암흑에너지에서 진공 재앙의 크기

　1998년에 천문학계에는 세상이 뒤집힐 만한 큰 사건이 일어났다. 두 천문학 연구팀이 독자적으로 우주의 팽창 속도가 점점 빨라지고 있다는 것을 발견한 것이다. 이는 과학자들이 예상하던 것과 정반대였다.

　별들이 바깥쪽으로 작용하는 빛의 압력과 안쪽으로 작용하는 중력에 의한 압력으로 균형을 이루고 있는 것처럼 우주도 팽창시키는 힘과 질량들 사이에 작용하는 중력으로 균형을 이루고 있다. 1998년까지는 우주를 탄생시킨 빅뱅으로 인한 팽창력이 점차 줄어들어 중력이 우주를 지배하게 되면서 우주의 팽창 속도가 줄어들고 있을 것이라고 생각했다.

표준 촛대

　1920년대에 에드윈 허블Edwin Hubble은 더 멀리 있는 은하일수록 더 빠른 속도로 멀어진다는 것을 발견하면서(132쪽 참조) 우주가 팽창하고 있다는 것을 알아냈다. 그는 주기적으로 밝기가 변하는 '세페이드' 변광성을 이용하여 은하까지의 거리를 측정했다. 이 변광성의 밝기가 변하는 주기는 고유한 밝기에 따라 달라진다. 그러나 우리가 관측하는 변광성의 밝기는 변광성까지의 거리에 따라 달라진다. 주기를 이용해 측정한 변광성의 고유한 밝기와 실제 측정한 밝기의 차이를 이용하면 변광성까지의 거리를 알 수 있다. 그러므로 세페이드 변광성은 우주에서 거리를 측정하는 '표준 촛대'로 사용할 수 있다. 하지만 멀리 있는 은하까지의 거리를 측정할 때는 세페이드 변광성이 표준 촛대가 될 수 없다. 멀리 있는 은하에 포함된 세페이드 변광성은 너무 희미해서 주기와 밝기를 측정하기가 매우 어렵기 때문이다.

1990년대에 두 개의 천문학 연구팀은 우주 역사에서 이른 시기의 팽창 속도를 알아내기 위해 Ia형 초신성이라 부르는 새로운 표준 촛대를 이용하여 더 멀리 있는 은하의 속도를 측정하기 시작했다.

이러한 형태의 초신성은 백색왜성에 기원을 두고 있다. 백색왜성에는 찬드라세카르의 한계(56쪽 참조)라는 질량의 한계가 있다. 동반성으로부터 물질을 흡수하거나 두 백색왜성의 충돌을 통해 백색왜성의 질량이 이 한계에 도달하면 폭발을 일으킨다. 이 초신성은 비슷한 질량을 가지고 폭발하기 때문에 고유한 밝기가 모두 비슷하다. 따라서 이런 초신성의 겉보기 밝기를 측정하면 초신성까지의 정확한 거리를 알 수 있다.

두 연구팀은 더 멀리 있는 더 오래된 은하의 후퇴속도를 결정하기 위한 관측을 반복해서 실시했다. 이전에 예상했던 것처럼 우주의 팽창 속도가 줄어들고 있다면 멀리 있는 은하는 가까이 있는 은하들보다 더 빠른 속도로 멀어지고 있어야 했다. 그러나 관측 결과는 예상했던 것과 반대였다. 가까이 있는 젊은 은하들이 멀리 있는 은하들보다 더 빨리 멀어지고 있었다. 그것은 우주의 팽창 속도가 빨라지고 있음을 의미했다.

▲ 물체의 실제 밝기를 알고 있으면 거리가 멀어짐에 따라 밝기가 어떻게 변할지를 알 수 있다. 천문학에서는 이런 표준 촛대를 널리 사용한다.

암흑에너지

무엇이 팽창을 저지하려는 은하 사이의 중력을 이기고 은하들을 밀어내고 있을까? 우리는 아직 그 답을 알지 못한다. 그러나 이 신비스러운 에너지는 암흑에너지라는 이름으로 불리고 있다. 관측 결과에 의하면, 암흑에너지는 우주 전체의 질량과 에너지를 합한 양의 68% 이상을 차지하고 있다.

암흑에너지의 후보로 거론되는 것이 진공 에너지다. 진공은 실제로 빈 공간이 아니다(23쪽과 163쪽 참조). 진공에서도 가상적인 입자 쌍이 만들어졌다가 사라지고 있다. 양자 이론에 의하면, 진공에 존재하는 에너지는 반발력으로 작용한다. 그리고 이 에너지는 중력에 의한 에너지와 달리 은하 사이의 거리가 멀어져도 약해지지 않는다. 그러므로 은하 사이의 거리가 멀어짐에 따라 점점 약해지는 중력이 일정한 세기를 유지하는 진공 에너지에 의한 반발력보다 작아지는 시점이 있다. 이 시점부터 은하는 더 빠른 속도로 멀어지기 시작할 것이다.

그러나 여기에도 문제점이 있다. 진공에 포함된 에너지의 양과 가속 팽창에 필요한 에너지의 양이 잘 맞지 않는 것이다. 이 두 양 사이의 차이가 적어도 10^{120}배나 된다. 이것은 물리학에서 나타난 이론과 실험 결과의 차이 중에서 가장 큰 값이다. 따라서 이것을 '진공 재앙'이라고 부른다.

또 다른 설명은 찬드라세카르의 한계에 오류가 있어서 우리의 측정 결과가 우주를 제대로 나타내지 못하고 있다는 것이다. 또 다른 사람들은 우주 크기와 같이 거대한 규모에서는 중력이 다르게 작용한다고 주장한다. 따라서 암흑에너지는 우리 우주의 3분의 2를 구성하고 있지만, 암흑에너지에 관한 한 우리는 아직도 암흑 속에 있다.

1×10^{500}

끈 이론에서 가능한 배열 방법의 수

일부 물리학자들은 끈 이론이 자연에 존재하는 네 가지 힘(66쪽 참조)을 하나로 통합할 수 있는 전능 이론(TOE)의 가장 강력한 후보로 생각하고 있다. 현재 우리는 양자역학을 이용하여 강한 핵력, 약한 핵력, 전자기력을 기술하고 있으며 일반상대성이론을 이용하여 중력을 기술하고 있다. 이 두 가지 이론을 하나로 통합하려는 노력은 수학적 어려움에 직면해 있다. 그러나 끈 이론에서는 적어도 이론상으로는 그러한 문제가 없다. 끈 이론에 의하면, 쿼크나 전자와 같은 입자들은 기본 입자가 아니라 진동하는 작은 끈으로 이루어졌다. 이 끈들의 길이는 플랑크 길이이며 우리가 경험하는 4차원보다 많은 차원에서 진동하고 있다.

끈 이론의 가장 큰 문제점은 현재로서는 실험을 통해 그것을 확인할 수 있는 방법이 없다는 것이다. 끈 이론을 부정하거나 증명할 수 있는 실험은 아직 제안되지 않았다. 끈 이론에서는 끈이 만들어낼 수 있는 모든 가능한 방법을 포함한 '전망'에 대해 이야기한다. 이 이론의 추정에 의하면 끈 이론의 전망에는 10^{500}가지의 구성 방법이 존재한다. 그중 하나가 우리가 살아가고 있는 우주의 성질을 나타낸다. 일부 가능한 구성 방법은 우리가 알고 있는 기본 입자들의 존재를 설명할 수 없기 때문에 쉽게 제외시킬 수 있다. 그러나 이런 것들을 제외한다 해도 아직 많은 가능성이 남아 있다. 우리는 현재 우리 우주가 그런 많은 가능성 중 어떤 구성 방법에 의해 만들어졌는지 알지 못하고 있으므로 시험 가능한 예측을 하는 것이 매우 어렵다.

▲ 끈 이론에서는 쿼크와 같은 입자들이 다른 방법으로 진동해 여러 가지 입자들을 만들어내는 작은 끈으로 이루어졌다고 설명한다.

참고도서

Aldersey-Williams, Hugh *Periodic Tales: The Curious Lives of the Elements* Penguin, 2012.

Al-Khalili, Jim *Quantum: A Guide for the Perplexed* Weidenfeld & Nicolson, 2003.

Birch, Hayley, Looi, Mun-Keat & Stuart, Colin *The Big Questions in Science: The Quest to Solve The Great Unknowns* Andre Deutsch, 2013.

Butterworth, Jon *Smashing Physics* Headline, 2014.

Carroll, Sean. *The Particle at the End of the Universe: The Hunt for the Higgs and the Discovery of a New World.* Oneworld Publications, 2013.

Chown, Marcus. *Quantum Theory Cannot Hurt You: Understanding the Mind—Blowing Building Blocks of the Universe.* Faber & Faber, 2014.

Chown, Marcus. *We Need to Talk About Kelvin: What everyday things tell us about the universe.* Faber & Faber, 2010.

Daintith, John, Gjertsen, Derek. *A Dictionary of Scientists.* Oxford University Press, 1999.

Ferguson, Kitty. *Measuring the Universe: The Historical Quest to Quantify Space.* Headline, 2000.

Feynman, Richard. *QED — The Strange Theory of Light and Matter.* Penguin, 1990.

Greene, Brian. *The Elegant Universe: Superstrings, Hidden Dimensions and the Quest for the Ultimate Theory.* Vintage, 2000.

Gribbin, John. *In Search Of Schrodinger's Cat.* Black Swan, 1985.

Hawking, Stephen. *A Brief History of Time: From the Big Bang to Black Holes.* Bantam Press, 1988.

Jayawardhana, Ray. *The Neutrino Hunters: The Chase for the Ghost Particle and the Secrets of the Universe.* Oneworld Publications, 2014.

Krauss, Lawrence. *A Universe from Nothing.* Simon & Schuster, 2012.

Kumar, Manjit. *Quantum: Einstein, Bohr and the Great Debate About the Nature of Reality.* Icon Books, 2009.

Liddle, Andrew. *An Introduction to Modern Cosmology (2nd Edition).* Wiley-Blackwell, 2003.

Mahon, Basil. *The Man Who Changed Everything: The Life of James Clerk Maxwell.* John Wiley & Sons, 2004.

Miller, Arthur. *I. Empire of the Stars: Obsession, Friendship, and Betrayal in the Quest for Black Holes.* Houghton Mifflin Harcourt, 2005.

Oerter, Robert. *The Theory of Almost Everything: The Standard Model, the Unsung Triumph of Modern Physics.* Plume, 2006.

Orzel, Chad. *How to Teach Relativity to Your Dog.* Basic Books, 2012.

Panek, Richard. *The 4—Percent Universe: Dark Matter, Dark Energy, and the Race to Discover the Rest of Reality.* Oneworld Publications, 2012.

Sample, Ian. Massive: *The Hunt for the God Particle.* Virgin Books, 2011.

Smolin, Lee. *The Trouble with Physics: The Rise of String Theory, The Fall of a Science and What Comes Next.* Penguin, 2008.

Sobel, Dava. *A More Perfect Heaven: How Copernicus Revolutionised the Cosmos.* Bloomsbury, 2012.

Waugh, Alexander. *Time: From Micro—seconds to the illennia - a search for the right time.* Headline, 1999.

Young, Hugh & Freedman, Roger. *University Physics with Modern Physics (11th edition).* Pearson Education, 2004.

웹사이트

"Official" String Theory www.superstringtheory.com

American Institute of Physics www.aip.org

CERN www.cern.ch

Einstein Papers Project www.einstein.caltech.edu

European Physical Society www.eps.org

Famous Physicists www.famousphysicists.org

Foundational Questions Institute www.fqxi.org

How Stuff Works www.howstuffworks.com

Hyperphysics, Georgia State University
http://hyperphysics.phy-astr.gsu.edu/hbase/hph.html

Institute of Physics www.iop.org

International Astronomical Union www.iau.org

International Bureau of Weights and Measures
www.bipm.org

International Centre for Theoretical Physics
www.ictp.it

International Union of Pure and Applied Physics
www.iupap.org

Minute Physics
www.youtube.com/user/minutephysics

NASA www.nasa.gov

Physics arXiv blog
www.medium.com/the-physics-arxiv-blog

Physics Central www.physicscentral.com

Physics Demonstrations
www.physics.ncsu.edu/demoroom

Physics World www.physicsworld.com

PhysLink www.physlink.com

Splung www.splung.com

TED www.ted.com/topics/physics

The Nobel Prize in Physics
www.nobelprize.org/nobel_prizes/physics/laureates

The Particle Adventure www.particleadventure.org

The Physics Classroom www.physicsclassroom.com

과학 잡지

American Scientist

Discover

Nature

New Scientist

Physics Today

Physics World

Popular Science

Science

Scientific American

Wired

번호 · 영문

11차원 76
ALICE 89
ATLAS 89
CERN 32, 100, 127
CMS 89
CP 대칭성 33
e 62
$E=mc^2$
35, 49, 115, 129, 139, 144, 165
g - 포스 75
JET 125
LEP 100
LHC 88, 100
LHCb 89
M이론 76
TOE 이론 157
WIMPs 85
WMAP 133
W 보존 20
Z 보존 20

ㄱ

가시 광도 156
가시광선 37
가이거 24
갈릴레오 갈릴레이 74
감마선 37
감마선(γ) 150
강한 자기장 147
강한 핵력 17, 66, 123, 159, 169
같은 족 원소 98
같은 주기 원소 98
경입자 46
고바야시 마코토 54
공간기하학 10

관성의 법칙 64
광자 114
광전효과 13, 67, 114
그래비톤 67, 159
그래핀 55
근시 81
근일점 92
근일점 이동 93
글루온 17
기름방울 실험 22
기화열 101
끈 이론 67, 76, 169
끈 이론의 전망 169
끓는점오름 101

ㄴ

내핵 41
네빌 매스캘라인 153
뉴턴역학 93
뉴턴의 운동 제1법칙 64
뉴턴의 운동 제2법칙 64
뉴턴의 운동 제3법칙 64
뉴턴의 중력이론 93, 112
니콜라우스 코페르니쿠스 110
닐스 보어 13, 27

ㄷ

다운 17
다운 쿼크 46, 83
달의 공전주기 43
대형 하드론 충돌가속기(LHC) 100
데이비드 스콧 74
동위원소 18
드미트리 멘델레예프 98
드브로이 파장 15
디지털계산기 103

떠돌이별 72

ㄹ

러더퍼드-보어 원자모형 27
레스터 저머 15
레온하르트 오일러 62
로버트 디키 60
로버트 밀리컨 22, 87
로버트 브라운 115
로버트 윌슨 59, 60
루비듐 조각 30
루이 드브로이 14
루트비히 볼츠만 21
뤼드베르상수 121
리언 레더먼 83

ㅁ

마르스덴 24
마르틴 하인리히 클라프로트 105
마리 퀴리 105, 151
마스카와 도시히데 54
마이컬슨의 실험 128
마이크로파 59
마틴 펄 82
막스 플랑크 10, 12
만능 이론 66, 159
매스캘라인의 실험 154
맥스웰 방정식 26, 39
멜빈 슈바르츠 83
무거운 입자 85
물의 삼중점 51
물질파 이론 15
뮤온 53, 82
뮤온 중성미자 83
미세구조상수 16, 50, 65

ㅂ

바텀 17, 46
바텀 쿼크 54, 83
반다운 쿼크 83
반데르발스 힘 73
반뮤온 82
반뮤온 중성미자 83
반바텀 쿼크 83
반스트렌지 쿼크 83
반업 쿼크 83
반입자 32
반전자 중성미자 82
반참 쿼크 83
반타우입자 82
반타우 중성미자 83
반톱 쿼크 83
발머계열 121
방사성붕괴 67
배타 원리 146
백색왜성 57, 130, 146, 167
밸 피치 33
베라 루빈 86
베타(β)붕괴 67
베타선(β) 150
보어 모형 27
보어 반지름 65, 158
보어의 원자모형 50
보존 20
보즈-아인슈타인 응축 상태 31
복사 광도 156
복사선 주기 131
복합 입자 46
볼츠만상수 21, 103
볼프강 파울리 56
불안정한 동위원소 137
브라운운동 115

블랙홀 69, 79, 146, 161, 163
블레즈 파스칼 103
비스무트 137
비열 70
빅뱅 58, 135
빅뱅 이론 58
빛의 속도 121
빛의 입자 47

ㅅ

사건의 지평선 163
사라진 차원 77
삼중수소 124
삼중 알파 과정 49
삼중점 51
색깔 전하 66
샤를 오귀스탱 드 쿨롱 26
선스펙트럼 121
섬 우주 58
섭씨온도 45
세르게이 크리칼레프 52, 90
세페이드 변광성 166
셸던 글래쇼 20
수렴하는 진화 80
수브라마니안 찬드라세카르 57
슈테판-볼츠만상수 36, 65
슈테판-볼츠만의 법칙 116
스케일 높이 62
스트렌지 17
스트렌지 B 중간자 46
스트렌지 쿼크 46, 83
스티븐 와인버그 20
시간 여행자 52
쌍생성 35
쌍소멸 35

ㅇ

아노 펜지어스 59, 60
아리스타르코스 152
아리아바타 118
아메데오 아보가드로 149
아보가드로수 73, 149
아서 에딩턴 93, 123
아이작 뉴턴 11, 64, 112
아인슈타인의 상대성이론 47
아인슈타인의 중력이론 93
아크초arc sec 92
안데르스 셀시우스 101
안드레 가임 55
알렉산드르 프리드만 132
알베도albedo 109
알베르트 아인슈타인 68, 93, 114, 129
알파선(α) 150
알파입자 150
암흑물질 86, 89
암흑에너지 168
압두스 살람 20
앙리 베크렐 105, 150
앤터니 휴이시 148
앨런 샌디지 133
약한 핵력 20, 67, 159, 169
얀 오르트 86
양성자 17, 46, 53
양성자-양성자 연쇄 핵융합반응 122
양자 거품 11
양자 색깔 역학(QCD) 54
양자역학의 법칙 163
양자화 가설 36
양전자 82
어니스트 러더퍼드 24
업 17

업 쿼크   46, 83
에너지준위   13
에드먼드 핼리   112, 152
에드윈 허블   38, 96, 132, 166
에라토스테네스   118
엔트로피   21
영점에너지   45
오스카르 클레인   77
오일러의 수   62
올레 뢰머   126
완전탄성충돌   73
외젠멜키오르 펠리고   105
외핵   41
요제프 로슈미트   149
요제프 슈테판   36
요하네스 뤼드베리   121
요하네스 케플러   28, 92
우라늄   105
우라늄-238   105
우라늄 동위원소   105
우주 마이크로파 배경복사   84, 135
우주 마이크로파 배경복사(CMB)   60
우주배경복사   61
우주선宇宙線   41
우주의 나이   133
원소주기율표   98
원시   81
원자시계   43, 90
원자의 수   164
원자핵   24
원자핵의 평균 크기   99
원주율   65
월터 바데   87, 148
윌리엄 허셜   72
윌킨슨 마이크로파 비등방성 관측

위성(WMAP)   61
유럽원자핵연구소(CERN)   88
유전율   26
은하수 은하   160
이상기체   73
이상기체 모형   73
이상기체 상수   103
이오의 공전주기   126
일반상대성이론   91, 93, 169
임계질량   19
입자물리학의 표준 모델   82

ㅈ

자연철학의 수학적 원리   112
자외선   41
자외선 붕괴   36
자유공간의 유전율   39, 121
자유공간의 투자율   39, 65
자유중성자   18
잭 슈타인베르거   83
장 페랭   149
적외선   38
적색편이   38
전기력 상수   26
전기전도도   41
전능 이론   77, 169
전능 이론(TOE)   157
전약 이론   76
전자   82
전자기력   67, 169
전자기파   37
전자기파 스펙트럼   150
전자의 전하량   121
전자의 질량   121
전자 중성미자   82
절대영도   44

절대온도   45
정상우주론   58
제논의 역설   11
제러마이어 호록스   143
제롬 랄랑드   143
제임스 채드윅   18
제임스 크로닌   33
제임스 클러크 맥스웰   26
조르주 르메트르   58, 132
조석 융기   42
조석 브레이크   43
조슬린 벨   148
조지 가모브   60, 123
조지프 존 톰슨   24
종단속도   104
주전원 운동   111
중력   67
중력가속도   103
중력 법칙   28
중력 붕괴   49
중력 상수   11
중력 상수 G 152
중성미자   33, 63, 127
중성원자   59
중성자   18, 46
중성자성   146
중성 케이온   46
중수소   124
중수소핵   49
중입자   46
지구의 자전 속도   42
지구의 자전주기   43
지구의 평균 반지름   118
지구자기장   40
지구자기장의 세기   40
지동설   110, 111

진공 에너지 168
진공의 투자율 39
진공 재앙 168
진동에너지 106
진리truth 쿼크 83

ㅊ

찬드라세카르의 한계 57, 146, 167
찰스 허튼 154
참 17
참 쿼크 83
천동설 110
천문단위 140
천체 회전에 관하여 110
초냉각 원자 45
초대칭 동반 입자 89
초대칭 이론 89
초신성 136
초신성 원자핵 합성 136
초유체 31
초전도체 31
축퇴 압력 146

ㅋ

카시미르 효과 23
칼루차-클라인 이론 77
칼 세이건 137
케이온 입자 33
케플러의 제3법칙 152
켈빈의 온도 51
콘스탄틴 노보셀로프 55
쿨롱의 법칙 26, 47
쿼크 20, 46
클라우드 푸예 108
클라우디오스 프톨레마이오스 110
클린턴 데이비슨 15

ㅌ

타우입자 82
타우 중성미자 83
탈출속도 79, 85, 162
태양상수 108, 156
태양의 광도 156
태양풍 40
터널링 효과 123
테오도어 칼루차 77
텔루륨-128 150
토카막 125
톰슨의 원자모형 24
톱 17
톱 쿼크 54, 83
퇴행운동 111
튀코 브라헤 28
트랜지스터 55
특수상대성이론
68, 91, 115, 129, 144

ㅍ

파스칼 라인 103
파울리 배타 원리 56
파이 65
팽창하는 우주 135
펄서 147
포톤 13, 47, 122, 150
표준대기압 102
표준 촛대 166
프랑수아 앙글레르 138
프레드 호일 58, 137
프리츠 츠비키 85, 148
프린키피아 28, 64, 112, 152
플랑크 길이 11, 65, 158, 165, 169
플랑크 망원경 61, 85, 133
플랑크 밀도 165

플랑크 부피 165
플랑크상수 11, 121
플랑크 시간 10, 65, 159, 165
플랑크 질량 165
플랑크 탐사 위성 19
플럼 푸딩 원자모형 24
피터 힉스 138

ㅎ

하드론 46
하드론 입자 46
하비 플레처 22
하이젠베르크의 불확정성원리 163
하인리히 올베르스 129
핵융합 반응 32, 49
핵융합반응 124, 162
허블 상수 97, 132
헤르만 민코프스키 68
헨드릭 카시미르 23
헨리 캐번디시 29, 152
현대 우주론 57
호킹 복사 163
힉스 보존 89, 139
힉스 입자 139
힉스장 139
힉스장의 바다 139

이미지 저작권